나무 내음을 맡는
열세 가지 방법

나무 내음을 맡는 열세 가지 방법

냄새의 언어로 나무를 알아가기

데이비드 조지 해스컬 지음
노승영 옮김

에이도스

차례

헌사

인간이든 아니든 모든 곳의 스승들에게

나무 내음이라고? 참으로 특이한 주제가 아닐 수 없다. 하지만,
우리가 좀처럼 생각하지는 못해도 나무와 나무 내음은 우리의
일상생활에 깊이 스며 있다. 모든 냄새는 나무와 사람의 연결에
대한 이야기로 우리를 초대한다.

마음을 편안하게 하고 기운을 북돋우는 차의 내음은 카멜리
아 시넨시스(*Camellia sinensis*, 차나무) 잎의 성질과 기원을 알려준다.
커피와 초콜릿의 달콤한 향기는 나무 씨앗을 굽고 발효해서 얻
는다. 견과유와 올리브유의 톡 쏘는 풍부한 냄새는 나무를 우리
의 식탁에 올린다. 성탄절 연휴 동안 정향, 무화과, 석류, 젓나
무 가지, 크리스마스트리는 과수원과 숲의 냄새를 우리 집에 가

져다준다. 밖에 나가면 도심에서든 숲에서든 나무 내음을 맡을 수 있다. 비가 내리면 우리는 나무 내음에 젖는다. 빗방울은 나무가 하늘로 올려 보내는 향기 분자(방향족 분자)에 의해 구름으로부터 형성된다.

나무 내음을 맡으려고 걸음을 늦추면 우리의 감각은 만족을 얻고 호기심이 자극된다. 나무는 왜 이런 내음이 나는 걸까? 그 내음을 따라 나무의 생태학적·문화적 뿌리로 거슬러 올라가면 무엇을 배울 수 있을까?

우리가 배우는 것은 종종 다른 생명들과의 연결이다. 어떤 생명도 혼자가 아니다. 우리는 언제나 다른 종들과의 관계 속에서 살아간다. 향은 생명을 지탱하는 연결의 다양성을 일깨운다.

후각은 가장 무시받고 억압당하는 감각이지만, 바깥세상을 우리의 기억·감정과 이어주는 가장 빠르고 깊숙한 연결 고리를 만들어내며 나머지 모든 감각을 더 생생하게 한다.

코를 킁킁거리며 우리의 사촌인 나무와의 감각적 관계 속으로 여행을 떠날 준비를 하라. 이것은 다감각적 경험이기에 당신의 귀도 여행에 함께할 것이다. 바이올린 연주자이자 작곡가 캐서린 리먼이 지은 짧은 곡들은 이 책에 대한 답가이자 반주이며 나무의 다양한 감각적 현상과 에너지를, 나무와 우리의 관계를 경이롭게 불러일으킨다. 이 곡들은 soundcloud.com/

katherinelehman/albums와 오디오북에서 들을 수 있다.

데이비드 조지 해스컬

01

서양칠엽수

웨스트요크셔주 리즈, 콜로라도주 덴버

탄생 연도: 1930년경

냄새는 정신의 안갯속에서
어릴 적 기쁨과 실망을 끄집어낸다.

잔디밭에 몸을 구부려 뾰족뾰족한 초록색 공을 집어 올린다. 표면을 가르는 세 줄의 솔기 중 하나에 엄지손가락을 밀어 넣어 겉껍질을 비틀어 연다. 안에는 반짝거리는 적갈색 씨앗이 칙칙한 크림색 모자를 쓰고 있다. 이곳은 미국 콜로라도주 덴버의 도심 공원이지만, 엄지손가락으로 열매껍질을 벌려 씨앗을 꺼내자 훅 퍼지는 향기가 나를 과거 어린 시절 영국의 나무들에게 데려간다. 프루스트의 마들렌은 사양한다. 대신 서양칠엽수 열매를 달라.

이 시간 여행에는 많은 감각이 동원된다. 손에 쥔 열매의 따끔따끔한 촉각. 열매의 반짝거리는 시각. 무엇보다 씨앗을 손에

내려놓을 때 번지는 신기한 내음들의 조합까지. 초록색 껍질에서 촉촉한 식물성의 샐러드 향기가 올라온다. 솔기와 가시 끝이 갈변한 부위에서는 톡 쏘는 부식질 냄새가 퍼진다. 서양칠엽수 씨앗의 내음은 오래 우린 차처럼 떫다. 자전거 체인 오일처럼 아린 기름내도 서려 있다.

'날 먹을 생각일랑 하지 마.'

이 톡 쏘는 향기가 말한다. 마침내 속껍질을 벗겨 텅 빈 껍질의 냄새를 맡는다. 사과 속과 과일향 껌의 촉촉하고 달짝지근한 향이 확 퍼졌다 사라지면 은은한 나뭇잎 향이 남는다.

향기 분자 수십 가지, 어쩌면 수백 가지의 찰나적 인상을 묘사하기 위해 형용사와 비유가 동원되지만, 이 경험에는 말이 필요하지 않다. 나는 어린애다. 누이와 사촌들과 뛰놀고 있다. 고모네 길 아래쪽에 있는 우람한 서양칠엽수 밑에 돌아와 호주머니를 보물로 채우며 흐뭇해한다.

우리의 신경은 냄새 여행의 속도와 활력을 반기도록 설계되어 있다. 코가 뇌에 신호를 보낼 때는 빛과 소리의 지각을 정제하고 해석하는 여러 필터와 처리 중추를 건너뛴다. 냄새는 기억과 감정으로 직행하며 그 메시지는 신경에 의해 전달되어 정서 기억을 관장하는 뇌 부위에 꽂힌다. 코를 킁킁거리면 우리는 다른 시간과 장소로 순간이동을 한다. 데운 민스파이의 향은 포츠

머스에 있는 조부모댁의 텔레비전 위로 늘어진 성탄절 조명을
떠올리게 한다. 민달팽이 퇴치제 상자의 톡 쏘는 향은 해러게이
트의 외조부모 차고에서 아이의 손이 닿을락 말락 하던 선반으
로 나를 데려간다. 맥줏집의 효모와 나무 내음은 대학 시절 런
던에서 시험 끝나고 친구들과 유쾌하게 어울리던 기억을 소환
한다. 껍질 벗긴 서양칠엽수 열매는 화창한 가을날 리즈의 서양
칠엽수 아래에서 누이와 사촌들과 함께 뛰놀던 시절 호주머니
에 묵직하게 담긴 보물을 생각나게 한다.

덴버의 공원에서, 유예된 기쁨은 상실된 기쁨이라는 사실
또한 기억해낸다. 서양칠엽수 열매의 광채와 날카로운 냄새는
하루 이틀만 지나면 무뎌진다. 몇 달이 지나면 마르고 쭈글쭈글
해져 상쾌한 손맛을 잃는다. 한 해가 지나면 장난감 기차의 탄
수차에 쌓아둔 한 움큼의 기름진 서양칠엽수 열매는 마른 콩처
럼 작게 쪼그라들어 한 줌이 된다.

열매와 씨름하는 즐거움조차 오래가지 못한다. 우리는 손
을 찔리지 않게 조심하면서 꼬챙이를 꿰거나 부모님 연장통에
서 슬쩍한 송곳을 찔러 넣어 매끈한 씨앗에 구멍을 뚫었다. 산
(酸)으로 세례를 주면 열매가 무기로 쓸 만큼 단단해진다는 아이
들 속설을 믿고서 몇 개는 식초에 담갔다. 이 서양칠엽수 열매
를 구두끈에 매어 휘두르며 열매 전사들끼리 싸움을 붙였다. 불

룩한 것이 먼저 쪼개졌다. 승자는 깡마르고 딴딴한 것들이었다. 깡말라서 맞히기 힘들고 딴딴해서 적에게 치명적 타격을 줄 수 있었으니까. 하지만 몇 라운드를 돌고도 살아남은 열매는 하나도 없었다. 정성껏 준비하면 장수 챔피언을 배출할 수 있으리라는 기대는 물거품이 되었다. 구두끈 끄트머리에 부서진 채 매달린 서양칠엽수 열매의 흰 속살에서는 쌉쌀한 비누향이 났다. 어쩌면 전투의 파괴 행위보다 더 두근두근한 것은 기대와 희망이었는지도 모르겠다.

　냄새는 정신의 안갯속에서 어릴 적 기쁨과 실망을 끄집어낸다.

○

　냄새는 나를 내면으로, 기억 속으로, 하지만 다른 피조물과의 직접적인 신체적 접촉으로도 데려간다. 청하지도 않았는데, 나무의 부분들―식물 세포에서 만들어져 공기 중을 떠다니는 분자들―이 내 안에 들어와 세포막과 결합한다. 침입자들 중 몇몇은 내가 가쁜 숨을 몰아쉴 때 폐 속으로 들어와 핏속에 녹아든다. 나무는 내 몸의 겉과 속에 있으며 그 조각들은 말 그대로 내게 달라붙고 내 몸속에서 헤엄친다. 시각과 청각은 점잖게

매개체—광자와 음파—를 이용하여 우리를 다른 것들과 연결하지만, 냄새는 그렇지 않으며 감각 중에서 가장 우악스럽다.

이 연결은 또한 생태적이고 역사적이다. 나는 덴버에서 서양칠엽수 열매의 냄새를 맡지만 이 나무는 북아메리카 대륙이 아닌 유라시아 대륙에서 진화했다. 400여 년간 원예가들은 토종보다 아름답거나 유용하다고 생각되는 외래종을 미국에 들여왔는데, 이것은 일종의 식물학적 식민주의였다. 콜로라도는 아름드리나무가 부족하지 않지만, 외국수(外國樹)의 넓게 펼쳐진 수관(樹冠)은 이 공원에 기품을 더한다. 리즈에서 내가 수집한 것은 이민자가 남긴 것들이었다.

서양칠엽수는 1600년대에 원예가들에 의해 발칸 반도에서 영국 제도로 유입되었다. 다섯 갈래 또는 일곱 갈래 잎, 봄철 개화기의 풍성한 꽃, 그늘을 드리우는 돔 모양 우듬지와 근사한 열매 덕에 서양칠엽수는 공원과 정원의 인기 조경수가 되었으며, 빅토리아 시대에 특히 유행했다. 유럽 전역에서 비슷한 일이 벌어졌다. 독일에서는 공원과 (옥외 주점 같은) 야외 모임 장소에 서양칠엽수를 즐겨 심는다. 영국과 북유럽의 공원과 정원에는 서양칠엽수가 하도 흔해서 우리는 이 종의 성질이 다른 데서 진화했다는 사실을 잊는다. 씨앗의 쌉쌀한 냄새와 맛은 유럽 남부 지역의 들쥐, 다람쥐, 사슴, 멧돼지를 퇴치하기 위한 것이다.

이렇듯 서양칠엽수 열매의 독특한 향에는 나무와 포유류 포식자의 싸움에 대한 기억이 담겨 있다. 코를 아리게 하는 서양칠엽수 열매의 방어용 화학 물질은 바구미 같은 곤충도 퇴치할 것이다. 이제 인간은 이 생태적 투쟁의 무기를 의약품으로 이용한다.

서양칠엽수 열매 추출물을 적정량 복용하면 혈류를 촉진하고 부종을 완화할 수 있다. 서양칠엽수는 테살리아 산맥에서 영국의 도심 공원으로, 그곳에서 향과 의약품으로서 우리의 핏속에 들어왔다.

나는 공원 풀밭에 있는 대부분의 서양칠엽수 열매를 덴버 아이들이 발견하도록 남겨둔다. 다만 반짝거리는 숲의 눈[眼]을 한 알 집어들어 코에 갖다 대고는 호주머니에 슬며시 집어넣는다.

02

미국피나무

뉴욕시 할렘

탄생 연도: 1908년

꽃향기가 우리에게 들어와 우리를 감싸면
나무들은 불안의 이마에 위로의 초록색 손을 얹고는
통증의 신경 경로를 안정시키고 중추 신경계의 균열 속으로
자신의 향기를 엮어 넣는다. 우리는 나무를 호흡하며 치료받는다.

여름의 온기가 찾아오면 창문을 활짝 연다. 도시의 공기가 퀴퀴한 실내로 흘러들어 매캐하고 느끼한 경유 매연 냄새가 감돈다. 4층짜리 공동 주택 바로 밑에 있는 버스 정류장에서 올라온 것이다. 냄새가 나의 내장에 가라앉아 메스껍게 깔린다. 길 건너에서 아이스크림 트럭이 하루 종일 밤늦도록 발전기를 돌린다. 트럭은 오후와 저녁 내내 저기 주차해 있다. 아이들에게 팔 아이스크림을 차갑게 냉각하려고 낡아빠진 엔진이 안간힘을 쓴다. 배기가스가 나의 콧속 높이 머물러 부비강에 매캐한 매연 구름을 일으킨다.

이것은 대부분의 현대인에게 친숙한 냄새다. 석탄, 석유,

숯, 나무, 경유, 휘발유를 태울 때마다 오염 물질의 연기가 우리 폐에 흘러든다. 배기관과 굴뚝은 내연 기관의 유독성 배출 가스를 제거하지 않는다. 수백만 개의 폐에 퍼뜨릴 뿐이다. 입자들은 우리 몸안에 자리 잡는다. 몇몇은 혈류에 스며들어 장기를 중독시키고 뇌에 축적된다. 전 세계에서 화석 연료가 연소되어 발생하는 대기 중 미립자들이 해마다 1000만 건의 조기 사망을 유발한다. 할렘에 있는 우리 집의 창문을 열고서 수억 명의 감각 경험을 공유한다. 가슴이 답답하다. 코에서 탄내가 나고 목구멍 뒤쪽이 쓰라리다.

　　서양칠엽수 열매의 내음과 마찬가지로 이 냄새도 기억을 불러일으킨다. 특히 대기 오염이 지금보다 다섯 배 심했던—그래도 1950년대의 뿌연 스모그보다는 나았지만—1970년대와 1980년대 런던을 떠올리게 한다. 밖에 나가 도로 가까이 서면 배기가스의 냄새와 맛에 둘러싸인다. 우리의 건강도 그때를 기억한다. 1970년대의 지독한 대기 오염에 노출된 영국 시민들의 수십 년 뒤 건강 상태는 깨끗한 공기를 호흡한 사람들에 비해 현저히 열악했다. 런던 공기의 경험은 우리의 세포 안에 살아 있다.

○

6월 어느 아침 할렘에서 꿀과 들장미의 향기가 창문을 통해 들어온다. 곧이어 레몬 껍질의 뒷맛이 감돈다. 나무 내음이 유독한 매연을 짓누르고 압도한다.

일주일 내내 길거리의 공기는 미국피나무 꽃에 취해 있다. 몸속의 응어리가 풀어진다.

이 후각적 즐거움을 선사하는 미국피나무는 거목이다. 우리 집 창문에서 네 개 차로 너머에 있는 도로변 공원에 뿌리를 내리고 자란다. 미국피나무의 꽃은 우듬지에 송이송이 매달려 있다. 몇몇은 낮게 늘어져 크림색의 별 모양 자태를 드러낸다. 수만 송이의 꽃들이 화학적 주문을 내뿜는다. 미국피나무 옆에서는 영국과 서유럽 출신으로 고작 어린나무만 한 라임나무들이 좀 더 달짝지근한 향기를 섞어준다. 두 종은 가까운 사촌이며 둘의 내음은 동네를 환희로 둘러싸 하나가 되게 한다.

이 선물을 들이마시며 기쁨을 느끼는 것은 전형적인 도시 냄새의 무미건조함과 불쾌함에서 벗어나기 때문만은 아니다. 이 나무 분자들은 우리의 세포와 혈액에 들어와 우리를 내면으로부터 진정시킨다. 본초가(本草家)들은 오래전부터 미국피나무와 그 사촌인 피나무와 라임나무의 꽃과 잎으로 만든 팅크와 차

로 신경계 장애를 다스렸다. 생화학 연구에서도 같은 결과가 나왔다. 미국피나무의 분자들은 진통제로, 통증을 전달하는 신경을 진정시킨다. 경유의 매연이 폐로부터 우리의 혈액과 세포에 흘러들듯 이 나무들의 내음도 그렇게 흘러든다. 꽃향기가 우리에게 들어와 우리를 감싸면 나무들은 불안의 이마에 위로의 초록색 손을 얹고는 통증의 신경 경로를 안정시키고 중추 신경계의 균열 속으로 자신의 향기를 엮어 넣는다. 우리는 나무를 호흡하며 치료받는다.

우리가 미국피나무 꽃향기를 맡고 반응한다는 사실은 우리와 곤충의 친족 관계를 보여준다. 미국피나무의 향기는 우리를 위한 것이 아니라 벌을 비롯한 곤충을 위한 것이다. 이 의도는 과거의 자연 선택에 의해 미국피나무의 유전자와 생리에 새겨졌다. 6억 년도 더 전에 곤충과 갈라졌음에도 우리의 신경에는 같은 세포 설계가 들어 있다. 이것은 더 오래전 조상 동물에게서 물려받은 것이다. 이 유사성 덕분에 우리는 미국피나무가 꽃가루받이 벌에게 보내는 신호를 감지하고 음미할 수 있다. 우리는 벌과 동일한 여러 세포 메커니즘을 통해 향기를 감지한다. 자두, 사과, 퀸스, 목련 같은 많은 나무의 향기도 마찬가지다. 포포나무를 비롯한 일부 나무는 사체를 좋아하는 파리를 유인한다. 우리는 이 냄새도 감지할 수 있지만, 편식가로 진화했기에 부패한 것을 멀리한다.

○

　6월 하순에 할렘의 미국피나무 꽃이 땅에 떨어지면 도시의
뿌연 안개가 다시 우리의 감각을 움켜쥔다. 하지만 나무의 존재
감은 쉽사리 지워지지 않는다. 쾌감, 특히 예상치 못한 감각적
쾌감은 기억을 빚어내는 강력한 요인이다. 이제 나는 몇 해 뒤
의 미국피나무를 생각하며 나를 위로하는 몸속의 장밋빛 손길
을 미리 느낀다.

03

붉은물푸레나무

콜로라도주 볼더
탄생 연도: 1980년

붉은물푸레나무가 쓰러졌을 때
내가 경험한 강렬한 향기는 나무의 언어였다.
사람의 코는 나무의 잎, 줄기, 뿌리가
공동체의 다른 구성원들에게 보내는
화학적 메시지를 엿듣는다.

**

인도와 교외 주택 사이의 좁고 긴 풀밭에서 신선한 목재 칩 더미 앞에 무릎을 꿇는다. 한 움큼 쥐어 코에 갖다 댄다. 촉촉한 초록 내음이 난다. 썬 양상추와 아스파라거스 향에 뒤이어 타닌이 속삭인다. 네 시간 전만 해도 붉은물푸레나무 한 그루가 여기 서 있었다. 이제 줄기와 가지는 사라졌다. 가로수관리청 직원들이 끌고 갔다. 그루터기 절단기의 원형 톱이 줄기 밑동과 뿌리 윗부분을 고운 톱밥 더미로 만들었다. 땅에 떨어진 황금빛 잎의 동그라미가 우듬지의 크기를 짐작케 한다. 저녁이면 이 흔적도 갈퀴질에 사라질 것이다.

고개를 숙여 다시 숨을 들이마신다. 회향 냄새에 버섯 같은 흙내음이 스며 있다. 입을 벌린 채 잠수하는 듯 강렬한 냄새가 덮쳐온다. 붉은물푸레나무에 오랫동안 천천히 누적된 향기가 단번에 공기 중으로 퍼졌다.

오늘 이 길을 따라 세 그루가 더 벌목되었다. 최근 북아메리카 전역에서 수억 그루의 붉은물푸레나무가 베어졌다. 단 한 종의 딱정벌레인 서울호리비단벌레 짓이다. 성충은 반짝이는 에메랄드빛 마름모로, 크기는 사람 엄지손톱의 절반가량이다. 햇빛을 받으면 초록색 딱지와 겉날개에서 구릿빛과 황금빛이 어른거린다. 보석으로 치장한 파괴자. 나무줄기에서 짝짓기를 한

뒤에 암컷은 주근깨 같은 알을 나무껍질 틈새에 붙인다. 알이 부화하면 구더기처럼 생긴 애벌레가 딱딱한 껍질을 뚫고서 달콤하고 영양 많은 생세포 속으로 파고든다. 애벌레는 껍질 바로 밑의 이 생세포 층에 머문 채 굴을 파 앞으로 나아가며 나무의 조직을 먹어치운다. 이 굴들이 나무를 한 바퀴 돌면 평상

시에 껍질 밑으로 전달되던 당과 영양소의 흐름이 끊긴다. 감염한 나무는 안으로부터 숨이 막혀 한두 해 안에 죽는다. 죽은 나무의 줄기에서 껍질을 벗기면 서울호리비단벌레의 굴은 술 취한 스케이트 선수 수백 명이 지나간 것처럼 체관부 온 사방에 뒤틀린 흔적으로 남아 있다.

북아메리카에는 나무의 껍질과 속을 먹는 토종 딱정벌레가 많다. 하지만 질병에 걸리거나 딱따구리 같은 새들에게 잡아먹혀 개체 수가 억제된다. 반면에 서울호리비단벌레는 최근에 유입되었기에 토종 딱정벌레를 억제하는 생태적 제약에 거의 시달리지 않는다. 현지의 천적이 거의 없기에 거침없이 번식하고 퍼져 나간다. (아마도) 화물 상자에 실려 태평양을 횡단한 뒤에 미시간 남동부의 소규모 지역을 점령한 서울호리비단벌레는 10년이 조금 넘는 기간 동안 (도심과 숲을 가리지 않고) 북아메리카에서 가장 흔한 나무를 말살했다. 붉은물푸레나무는 예전 서식 범위의 상당 부분에서 희귀해졌거나 아예 사라졌다. 몇몇 지역에서는 특별한 나무들에 살충제를 정기적으로 살포하여 서울호리비단벌레를 방제한다. 하지만 대부분의 붉은물푸레나무는 자취를 감췄다.

붉은물푸레나무가 절멸하다시피 한 사건이 영국의 물푸레나무에 일어날 일을 예고하는 것 같아 오싹하다. 서울호리비단벌레는 러시아에 퍼졌으며 서쪽으로 이동하고 있다. 영국의 물푸레나무들도 미국의 붉은물푸레나무와 같은 운명을 맞을지 모른다. 균류도 한몫한다. 2012년 아시아에서 영국 제도에 들어

온 나무 고사 균류가 가로수 400만 그루를 비롯하여 영국의 숲, 공원, 정원, 도시에서 자라는 물푸레나무 1억 5000만 그루를 위협한다. 경제적 손실은 150억 파운드 스털링으로 추산되지만, (미국의 붉은물푸레나무처럼) 다른 종들에 생명을 선사하는 중심인 물푸레나무가 입게 될 생태적 손실은 측량할 수 없다. 물푸레나무는 토종 균류를 퇴치하도록 생리적 방어 수단을 진화시켰지만 새로운 균류는 이를 우회하는 듯하다.

○

붉은물푸레나무가 벌목된 이튿날 아침에 우리 길가의 나무 그루터기를 다시 찾아간다. 분쇄된 목재의 냄새는 이미 잦아들었다. 흙이 파헤쳐진 냄새가 날 뿐 어제의 초록은 기미만 남았다. 참나무의 날카로움과 소나무의 매움을 보완하는 붉은물푸레나무의 은은한 향은 더는 이 동네에 깃들지 못한다. 집들은 도로변을 따라 햇볕을 고스란히 받으며 서 있다. 여름 초록빛과 가을 황금빛의 무성한 우듬지는 사라졌다.

　붉은물푸레나무의 절멸은 임산물 산업에도 타격을 가했다. 북아메리카에서 문화적으로 유난히 중대한 손실을 입은 분야는 야구다. 물푸레나무는 단단하고 가벼운 목재이며 야구 방망이 제조사들이 선호하는 재료였다. 물푸레나무 방망이가 야구공을 때리는 딱 소리는 한때 미국 전역에서 울려 퍼졌다. 하지만 지금은 소리가 달라졌다. 깡 하고 울리는 알루미늄 방망이가 주류가 되었으며 다른 목재는 야구공과 부딪혔을 때 흐리멍덩하고 축축한 소리가 난다. 이것은 사소한 문제인지도 모르겠지만 나무 제품, 특히 가구, 캐비닛, 바닥, 창틀의 제조업 분야 전체가 사라질 수도 있음을 보여주는 징후다. 인간의 공예, 산업, 생계는 이제 생태적으로 더 협소한 토대 위에 지어져야 한다. 이 과정이 벌어지는 것은 외국에서 온 병충해 때문에 토종 나무가 하나씩 유실되거나 절멸하고 있기 때문이다. 미국에서 지금껏 유실된 종으로는 밤나무, 느릅나무, 솔송나무, 물푸레나무가 있다. 영국에서는 느릅나무 6000만 그루가 균류 감염으로 절멸했고 질병이 물푸레나무와 참나무를 위협하고 있으며 천공충이 물푸레나무, 자작나무, 가문비나무를 공격하고 있다.

　인간이 경험하는 감각적 손실은 더 중요한 생태적 손실을 예시한다. 생명의 용광로가 줄어들었다. 붉은물푸레나무를 먹

035
—
붉은물푸레나무

고 사는 토종 나방 애벌레는 다른 숙주를 찾아야 한다. 잎속살
이애벌레나 진딧물처럼 나무에서 영양을 얻는 곤충들도 그래
야 한다. 하지만 대부분은 그러지 못할 것이다. 공통 수종의 유
실은 다른 나무를 심거나 재생한다고 해서 수월하거나 빠르게
복원할 수 없다. 그러므로 나무가 사라지면 이곳의 생명 그물망
이 풀어지고 쪼그라든다. 나뭇잎에서 쪼아 먹을 애벌레와 곤충
이 없으면 철새들은 열대 지방에서 한대림으로 비행하는 데 필
요한 연료를 구하기가 좀 더 힘들어질 것이다.

○

　붉은물푸레나무가 쓰러졌을 때 내가 경험한 강렬한 향기는
나무의 언어였다. 사람의 코는 나무의 잎, 줄기, 뿌리가 공동체
의 다른 구성원들에게 보내는 화학적 메시지를 엿듣는다. 식물
세포는 공기 중과 수중(水中)에 분자를 발산하며 세포 표면은 다
른 식물로부터 메시지를 받아들이는 수용체로 가득하다. 다양
한 향기를 일컫는 인간의 어휘—'쿰쿰하다', '날카롭다', '쌉쌀
하다', '알싸하다'—는 식물이 서로, 또는 흙 속의 미생물이나
하늘 나는 곤충 같은 동물과 주고받는 분자들의 복잡성과 시시
각각 변하는 조합을 번역하기엔 역부족이다.

분자는 하나하나가 하나의 낱말과 같다. 나뭇잎에서 퍼지는 여남은 개의 분자는 식물학적 문장이며, 이 식물 언어의 의미는 유기화학의 문법으로 쓰여 있다. 오전에서 오후로, 봄에서 가을로 넘어가는 이 조합의 변화는 의미로 가득한 기승전결이다. 아무리 정교한 실험 장비가 있어도 이 언어에서 우리가 해독할 수 있는 부분은 뿌리에서 미생물로 전달되어 호혜적 결합을 시작하는 신호, 상처 입은 잎이 이웃 잎들에게 퍼뜨리는 경고, 초식동물에 맞서는 제휴의 일환으로 나뭇잎이 포식자 곤충에게 보내는 도움 요청 등 극히 일부분에 불과하다.

나무 내음을 맡는 것은 (비록 많은 것이 숨겨진 낯선 언어로나마) 이 대화에 참여하는 것이다. 하지만 무척 복잡하기는 해도 이 언어가 아예 요령부득인 것은 아니다. 우리의 조상들이 수백만 년간 숲과 초원에서 살았기에 우리의 코는 식물 향기의 몇 가지 의미를 판독할 수 있다. 건강한 나무의 내음을 맡으면 우리는 마음이 편해진다. 생기 넘치는 나무들의 잎 냄새는 이곳이 비옥한 서식처이고 인간에게 유익하다는 신호다. 이런 향기가 없으면 우리는 불안해진다.

나무가 실려가버려 헐벗은 거리에는 젖은 아스팔트와 가로수관리청의 낡은 트럭에서 새어나온 엔진 오일 냄새만 남아 있다. 우리 몸은 생물학적 연결과 생기, 가능성의 상실을 실감한다. 감각 지각의 향유와 고찰이라는 생태미학을 통해 우리는 주변의 다른 종들에 대한 이야기, 관계 형성과 관계 단절의 이야기 속으로 끌려 들어간다.

04

진토닉

전 세계
탄생 연도: 1870년대

진토닉은 전 세계의 나무들이
우리 삶에서 어우러진다는 사실을
우리의 코와 혀에 일깨운다.

당신의 손에는 시원한 물방울이 몽글몽글 맺힌 하이볼 잔이 들려 있다. 잔을 들어 빛에 비추면 얼음 조각과 투명한 거품이 보인다. 라임 한 조각을 떨어뜨린 곳만 뿌옇다.

　당신의 코는 무역의 세계화를 냄새로 실감한다. 숨을 들이마신다. 가장 강렬한 냄새는 코를 찌르는 두송자(杜松子, 서양노간주나무 열매)의 약초 향이다. 북반구에 가장 널리 분포하는 나무 중 하나로, 영국, 프랑스, 네덜란드 증류업자들이 처음으로 진에 첨가한 서양노간주나무 열매의 냄새는 원기를 북돋운다. 여기에 라임 주스의 톡 쏘는 향이 곁들여지고, 달짝지근한 감귤 향도 살짝 스며 있지만 대부분은 라임 껍질을 비틀어서 짜낸 선명하고 쓴 기름 향이다. 라임은 히말라야산맥 자락의 야생 선조에게서 유래한 나무다. 마지막으로, 잔을 입술에 갖다 대면 토닉워터의 거품이 터지면서 남아메리카 기나나무 껍질에서 추출한 쓴 퀴닌이 콧구멍 속에 퍼진다.

이 한잔의 진토닉은 제국주의의 손길로 제조되었다. 영국령 인도에서는 말라리아열을 다스리기 위해 퀴닌을 복용했다. 하지만 퀴닌만 마시면 쓴맛이 너무 강했다. 그래서 퀴닌과 진을 탄산수에 섞은 진토닉이 탄생했다. 여기에 설탕과 라임을 소량 첨가하여 향미를 더했으며, 라임 껍질을 살짝 비틀어 기름기를 빠져나오게 하면 더욱 향긋해졌다. 서양노간주나무, 기나나무, 라임나무는 제국주의 삼총사다.

서양노간주나무는 향미와 보존성을 위해 음료에 첨가된다. 톡 쏘는 향미의 두송자 기름은 수백 년 동안 북유럽에서 고기, 맥주, 증류주의 향미를 더하고 보존성을 높였다. 영국에서는 무엇보다 수렵육(狩獵肉)과 데운 포도주의 향미를 더하는 데 이용되었다. 진은 곡물에서 증류하여 두송자를 첨가한 술로, 이 명칭은 서양노간주나무를 일컫는 옛 프랑

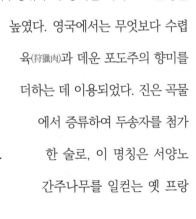

스어 '**주네브르**(genevre)'에서 유래했다. 18세기 영국에서는 진이 맥주보다 값싸고 풍부했다. 1750년에 영국인들은 5000만 리터의 진을 마셨으며 런던 일부 지역에서는 건물 다섯 채 중 하나가 진 판매점이었다. 진이 영국의 무역로와 전쟁 보급로를 따라 전파된 것은 필연적이었다. 영국인들이 바다 건너 식민지를 개척하면서 두송자의 향은 다른 대륙으로 퍼져 나갔다.

열대 지방에서 진은 금세 식물성 동반자를 찾았다. 남아메리카 기나나무 껍질에서 추출한 알칼로이드는 환자의 혈액에 들어 있는 말라리아 원충을 죽여 말라리아열을 가라앉힌다. 기나나무 껍질의 약효는 지역 토착민들에게 널리 알려져 있었으며 식민지에 진출한 예수회는 17세기에 그 효능에 대해 알게 되었다. 남아메리카를 식민화한 스페인인들은 기나나무 껍질 무역을 시작하여 독점했다. '껍질 노동자'라는 뜻의 **카스카리예로스**(Cascarilleros)가 숲에서 조를 이뤄 일했다. 그들은 기나나무를 찾으면 줄기를 덮은 넝쿨을 뜯어내고 아무 가치가 없는 딱딱한 겉껍질을 벗긴 뒤에 나무를 벌목했다. 나무가 쓰러지면 카스카리예로스들은 약효가 있는 속껍질을 자르고 벗겨낸 뒤에 운반용의 큼지막한 꾸러미로 포장했다. 200년 뒤 스페인인들은 기나나무 껍질 무역을 통제하여 말라리아가 창궐하던 유럽과 그 밖의 식민지에 보냈다.

퀴닌을 탄산수에 소량 첨가하면 거품의 청량감으로 쓴맛을 부쩍 줄일 수 있었다. 1858년 이래즈머스 본드가 '개선된 탄산 토닉'에 대해 소화제 겸 신경 안정제 특허를 내어 영국에서 마케팅하고 판매했다. 1860년대에는 영국 식민지에까지 판로가 확장되었는데, 그곳에서는 소화제와 해열제로 광고되었다.

스페인이 17세기에 기나나무 껍질을 수출하기 시작한 뒤로 식민지 팽창이 계속되면서 수요가 급증했다. 이 때문에 남아메리카의 야생 기나나무 개체 수가 급감했다. 기나나무 껍질의 희소성과 크나큰 가치에 눈독 들인 영국, 프랑스, 네덜란드의 식물학자들은 결국 기나나무 씨앗을 찾아내어 유럽으로 밀반입했다. 유럽의 원예가들은 아시아 식민지, 특히 19세기 자바섬에 대농장을 건설했다. 화학자들은 활성 성분인 퀴닌을 분리하고 추출 공정을 완성했다. 농장과 공장은 산업화된 공급 사슬을 지탱하는 토대였다. 20세기 초가 되었을 때 기나나무 퀴닌 전 세계 교역량의 90퍼센트가 아시아의 네덜란드 식민지 농장에서 생산되었다. 1880년에는 300만 킬로그램 가까운 기나나무 껍질이 자바섬에서 유럽으로 운송되었다. 하지만 가격이 들쭉날쭉하여 많은 기나나무 농민들이 파산하자 1913년에 생산자, 가공업자, 바이어가 '퀴닌 협정'을 맺어 가격 하한선을 정했다. 세계 최초의 의약품 카르텔이었다. 1940년대에 합성 말라리아 치료제 신약이 발명되기 전까지 퀴닌은 주된 말라리아 치료제였다.

○

라임이 진토닉에 도착하기까지의 여정도 약효와 관계가 있었으며 여기에는 사람들이 시큼한 맛에서 느끼는 쾌감이 한몫했다. 레몬과 라임은 아스코르브산(비타민 C)의 공급원으로, 영국 해군에서 괴혈병 예방약으로 애용했다. 열매는 선박의 창고에 쉽게 보관할 수 있었으며 매일 먹으면 수병들의 건강을 지킬 수 있었다. 라임은 귀한 성분인 비타민 C가 레몬보다 적어서 효과가 훨씬 낮지만, 19세기 초에 영국 해군은 이 사실을 몰랐기에 자국 함대로 전 세계에 라임을 실어 날랐으며 대부분은 카리브 해 연안의 대농장에서 공급되었다. 라임은 소매 무역을 위해 토닉워터에 주입되어 운송되기도 했다. 영국이 서인도에서 인도를 비롯한 아시아 식민지로 라임을 운반한 것은 본의 아니게 라임을 고향에 돌려보낸 셈이었다. 감귤류는 약 700만 년 전 남아

시아에서 처음 분화했다. 그 뒤에 사람들이 다양한 야생종을 폭넓게 교배하여 여러 지역의 식물들을 작물화함으로써 오늘날 우리가 아는 과일을 만들어냈다. 내 진토닉에 들어 있고 대부분의 슈퍼마켓에 진열된 '라임'은 레몬(오렌지와 시트론의 잡종으로, 신맛이 나며 인도 북부 토종이다)과 키라임(동남아시아 열대 지방이 원산지인 또 다른 잡종)의 잡종이다. 한 모금 홀짝거리며 아시아, 남아메리카, 유럽의 맛과 향이 하나로 어우러지는 것을 느낀다.

진토닉은 전 세계의 나무들이 우리 삶에서 어우러진다는 사실을 우리의 코와 혀에 일깨운다. 우리가 쓰는 가구는 세계 방방곡곡 이름 모를 숲의 나무들로 조립되었고, 우리가 읽는 신문은 수천 킬로미터 떨어진 대농장의 펄프로 제작되었고, 우리가 사는 건물은 합판과 통나무로 가공된 수십 그루의 나무로 건축되었고, 우리가 먹는 과일과 기름은 근대 식민지 교역망을 거쳐 우리 손에 들어왔다.

식은 땀방울이 몽글몽글 맺힌 하이볼 잔은 거울이다.

05

은행나무

웨스트요크셔주 리즈, 콜로라도주 덴버
탄생 연도: 1930년경

은행의 냄새가 나를 즐겁게 하는 것은
현재를 들쑤시기 때문일 뿐 아니라
나의 감각을 생명의 심층사에
직접 이어주기 때문이기도 하다.

우웩!

활짝 벌린 은행나무 가지 아래를 지나며 대학생들이 구역질을 한다. 발을 홱홱 지그재그로 놀리며 길옆으로 팔짝팔짝 뛴다. 몇몇은 황급히 피하려고 풀쩍 뜀박질한다. 살구처럼 생긴 방울들이 나무 주위에 널브러진 채 코를 찌르는 악취를 풍긴다. 기숙사와 식당 사이의 행렬은 평소에는 심드렁하지만 오늘만은 활기가 넘친다.

20세기 초에 심은 이 우람한 은행나무는 북반구 전역의 캠퍼스와 도심 공원에서처럼 대학의 네모꼴 미학에 가운뎃손가락을 쳐든다. 그 반항기가 맘에 든다. 깔끔하게 다듬어진 캠퍼스 잔디밭의 억압된 순응에 도발하듯 자유분방한 생식력이 고스란히 펼쳐진다. 은행나무는 내숭에 코웃음 친다. 이에 반해 잔디는 합성 살충제, 공장에서 만든 질소 비료, 화석 연료로 작동하는 회전 칼날에 이끌려 영원한 무성(無性)의 환상에 억지로 빠져든다.

송풍기의 정기적 사용도 한몫한다. 송풍기는 현대의 생태학적 부조리를 극단으로 끌어올린 장치다. 죽은 광합성 생물(낙엽)의 위치를 조금 바꾸기 위해 또 다른 죽은 광합성 생물의 유해(석유)를 태우는 셈이니 말이다. 그리하여 풀은 왕성한 생식력을 발휘할 기회를 박탈당한다. 네모진 풀밭의 나무들도 마찬가지다. 그들은 얌전한 몸가짐 때문에 선택되었다. 이 종들의 꽃과 열매는 냄새를 풍기는 육체적 섹스의 흔적을 잔디밭과 길에 거의 남기지 않는다.

누리끼리한 주황색 방울 수백 개가 은행나무 아래에 널브러져 있다. 숨을 들이마시니 썩은 버터 냄새가 난다. 숫염소의 기름기 낀 수염에 의기양양한 오줌 줄기가 배어 삭은 쉰내다. 토사물의 악취. 이것들이 뒤섞여 끈적끈적한 냄새의 벽을 만든다. 과숙(過熟)과 부패의 냄새다. 이 냄새는 대부분 부티르산과 헥산산에서 비롯한다. 버터와 치즈의 기름 성분이 부패할 때, 동물성 기름의 지방이 산패할 때, 우리가 장내에 숨겨진 발효물을 내뿜을 때 방출되는 바로 그 분자들이다. 학생들이 아침 먹으러 가는 길에 비명을 지르고 팔짝팔짝 뛸 만도 하다.

○

은행의 냄새가 나를 즐겁게 하는 것은 현재를 들쑤시기 때문일 뿐 아니라 나의 감각을 생명의 심층사에 직접 이어주기 때문이기도 하다. 은행나무는 약 2억 년간 거의 달라지지 않았으며 식물을 통틀어 가장 유서 깊은 종으로 꼽힌다. 거의 3억 년 전 암석에 찍힌 나뭇잎 자국은 은행나무와 가까운 친척이나 (어쩌면) 심지어 조상의 것으로 보인다. 2억 년 전의 화석 나뭇잎은 은행나무 특유의 부채꼴을 하고 있으며 현생종과 거의 구별되지 않는다. 6500만 년 전의 화석은 현재와 똑같아 보인다. 우리는 은행나무를 '살아 있는 화석'이라고 부르지만 은행나무를 화석에 비유하는 것은 가당치 않다. 사실 은행나무는 냄새에서나 가을 잎의 근사한 황금색에서나 어떤 식물보다 충만한 감각적 존재감을 과시한다.

은행나무를 닮은 최초의 식물은 초대륙 판게아가 떨어져 나가기 전인 페름기에 진화했다. 현생종과 비슷한 형태의 은행나무는 쥐라기와 백악기에 전 세계 숲을 주름잡으며 넓은 서식 범

위와 생태적 우위를 입증하는 풍부한 화석 증거를 남겼다. 하지만 6500만 년 전 백악기 말부터 현재까지 야생 개체 수는 (단기적 변동은 있었지만) 장기적으로 감소하다가, 처음에는 남반구에서, 그다음 북반구 대륙들에서 점차 사라졌다. 약 100만 년 전이 되었을 때 은행나무는 중국 남서부의 고립된 군락지를 제외하면 전 세계에서 자취를 감췄다.

은행의 냄새는 오래전 멸종한 동물들과의 관계를 떠올리게 한다. 오래전 은행나무 씨앗을 퍼뜨린 동물이 정확히 무엇인지는 알 수 없지만, 썩은 고기를 좋아하는 공룡을 비롯하여 고대의 포유류와 조류가 은행나무 씨앗의 냄새 고약하고 쫀득한 과육을 삼켰다가 똥으로 배출하면서 은행나무의 후손을 퍼뜨렸을 것이다. 오늘날 은행 열매는 아시아 온대림에서 청소동물인 삵, 사향고양이, 너구리를 유인한다. 하지만 절대다수의 은행나무는 사람에 의해 접붙이기나 묘목으로 전파된다. 중국에서는 적어도 1000년 전부터 은행나무를 재배했다. 하지만 중국을 제외하면 은행나무의 인기는 대부분 20세기적 현상이다.

은행의 과육은 불쾌한 냄새를 풍기지만 씨앗 알맹이는 영양이 풍부하여 요리에 쓰기도 하고 말려서 약으로 쓰기도 한다. 이따금 아침이면 학생들이 잠자리에서 일어나기 전에 노부부 한 쌍이 은행나무를 찾아와 열매를 수확하는 광경을 볼 수 있다. 두 사람은 두꺼운 고무장갑을 끼고서 플라스틱 양동이에 은행을 담는다. 구워서 간식으로 먹는다고 한다. 은행나무가 처음 재배되기 시작한 것은 잎의 아름다움과 더불어 노부부가 즐기는 씨앗의 식품 가치 때문이었을 것이다.

우리 인간은 씨앗을 퍼뜨리는 임무를 공룡에게서 넘겨받았지만 냄새는 받아들이지 않았다. 동물을 유인하는 역할은 지금의 새로운 세상에서는 대체로 무의미해졌다. 오히려 인간은 냄새를 풍기는 암나무를 질색하여 양묘장에서 어린나무를 솎아내거나 수나무 가지를 밑나무에 접붙인다. 나의 고참 동료들은 우리 캠퍼스를 악취로 물들이는 암나무가 수십 년간 수십 킬로미터 인근의 유일한 은행나무였으며 이 때문에 꽃가루를 하나도 받지 못해 냄새 고약한 과육으로 둘러싸인 씨앗을 하나도 맺지 못했다고 말한다. 그러다 학내의 인접 구역에 수은행나무가 식재되어 나무의 섹스가 벌어졌으니, 이것은 조경 계획의 의도치 않은 결과였다.

○

은행나무 아래를 걸으면 히로시마의 녹은 돌과 금속도 떠오른다. 핵폭발 이후 처음으로 다시 자라기 시작한—또한 대체로

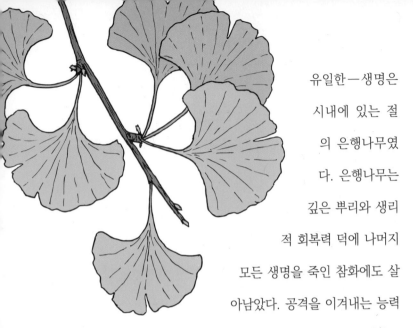

유일한—생명은 시내에 있는 절의 은행나무였다. 은행나무는 깊은 뿌리와 생리적 회복력 덕에 나머지 모든 생명을 죽인 참화에도 살아남았다. 공격을 이겨내는 능력은 오염된 도심 길거리에서 은행나무를 볼 수 있는 이유이기도 하다. 은행나무는 도시 생활의 화학적·물리적 난관에 굴하지 않기에 도시 원예가들에게 사랑받는다. 은행잎은 여느 나무에 비해 숨구멍이 적은 덕에 공기가 깨끗하지 않은 곳에서 유리하다. 오염된 지역에서는 은행잎이 두꺼워져 내부의 세포를 보호한다. 도로의 염분을 견디기 위해 세포막의 지방 구조를 변화시킬 수도 있다.

은행나무는 현재 대부분이 가로수로, 런던, 도쿄, 뉴욕, 베이징의 인도 아래로 뿌리를 뻗었다. 여름의 생생한 초록색과 가을의 강렬한 황금색은 다른 어느 가로수도 필적하지 못한다. 런던과 맨해튼에서 나는 은행잎에 비친 가을볕에 발걸음을 멈추는 사람들을 종종 보았다. 하지만 은행나무가 흔한 곳에서는 질척질척한 과육의 냄새에 대한 도시민들의 불만도 흔하다.

발밑에서 은행의 물컹물컹한 잔해를 느끼고 콧속에서 썩은 내를 맡으면 나의 상상은 다른 시간과 장소로 끌려 들어간다. 은행나무의 악취는 캠퍼스 조경수의 단정함과 무성성에 유쾌한 일침을 놓는 것에 그치지 않는다. 나의 콧속에 들어 있는 것은 생명의 끈기를 상기시키는 냄새다. 나무의 생산력이 대량 멸종, 대륙의 분리, 변화한 도시의 유독한 공기와 토양, 핵전쟁 등의 격변을 이겨내고 번성할 수 있음을 얼얼하게 일깨운다.

나는 나무 밑에서 걸음을 멈추고 숨을 깊이 들이마시며 생명의 지독한 영광을 끌어안는다.

06

폰데로사소나무

뉴멕시코주 샌타페이 베어캐니언
탄생 연도: 1700년경부터 2000년까지 다양

내가 폰데로사소나무의 내음에서 느끼는 기쁨은
숲에서 벌어지는 소통의 핵심에 나를 동참시킨다.
나무는 서로 흉금을 터놓는다.
곤충은 그 말을 엿듣고 모의한다.
땅과 하늘이 대화한다.

우리는 햇볕에 데워진 빵 냄새에 감싸여 있다. 협곡의 완만한 경사를 올라가는 내내 땅에 깔린 솔잎 덕분에 바닥이 푹신푹신하다. 사방에서 폰데로사소나무의 부슬부슬한 호박색 껍질이 바닐라와 버터가 어우러진 향내를 뜨거운 여름 공기 속으로 뿜어낸다. 이 건조 지대가 으레 그렇듯 오늘은 바람 한 점 없고 습도가 낮아서 우리는 기쁨의 안개 속을 헤엄친다. 폰데로사소나무는 근사한 향기로 유명하지만, 강렬하고 풍성하고 달콤한 이 협곡의 환영 인사는 타의 추종을 불허한다. 향기를 철저히 단속하여 코를 가까이 대야만 맡게 해주는 여느 침엽수와 달리 이 종은 온 골짜기를 향기로 채운다.

폰데로사소나무의 묘미는 통통하고 흐드러진 꽃뿐 아니라 향기가 각 나무의 개별성을 드러낸다는 점에도 있다. 줄기마다 독특한 개성이 있다. 우리는 코를 통해 나무에 대한 보편적 진실을 배운다. 우리와 마찬가지로 나무도 개별적 기질과 내력이 있다. 이런 변이는 인간의 감각으로 포착하기 힘들다. 하지만 폰데로사소나무는 여느 나무와 달리 향기를 가둬두는 껍질 뒤에 자신의 내적 삶을 꽁꽁 숨기지 않는다. 오히려 강렬하고 유쾌한 향으로 가장 둔한 숲 방문객조차 매혹시킨다. 우리는 이것을 핑계 삼아 걸음을 멈추고 나무에 팔을 두른 채 껍질에 코를 누른다.

나무여, 당신의 이름은 무엇인가요? 당신은 성격이 어떤가요?

수십 가지 휘발성 화합물의 조합은 각 나무에 향문(香紋, 향기의 지문)을 부여한다. 그중 하나인 모노테르펜은 탄소 원자 열 개가 고리와 끈 모양으로 엮인 하나의 테마를 중심으로 다양한 구조를 취한다. 이 패턴을 조금씩 재배열하면 저마다 다른 향기를 내는 분자가 된다. 피넨은 테레빈유의 톡 쏘는 알싸한 냄새를 풍긴다. 리모넨은 레몬 껍질의 향기가 난다. 미르센은 으깬 백리향처럼 상쾌하고 잔잔하다. 카렌은 젓나무 잎과 달콤한 송진을 연상시키며 피넨보다 더 달짝지근하다. 이를 비롯한 수십 가지의 탄소 종이접기 변이형들이 식물의 공중 언어를 이룬다. 이와 더불어 다양한 알코올과 알데히드, 그리고 바닐린의 친숙한 냄새도 있다. 구성 요소가 하도 많아서 잎과 줄기의 냄새 하나하나에 수천 가지의 의미와 정체성이 담길 수도 있다.

줄기의 굵기가 협곡에 있는 대다수 나무의 두 배나 되는 오래된 나무 한 그루는 그 어떤 폰데로사소나무와도 다르다. 이 나무는 바닐라 향이 전혀 나지 않는다. 개잎갈나무 같은 송진 향에 테레빈유의 쌉쌀한 기미가 감돈다. 노목의 줄기는 곤충이 뚫은 수백 개의 구멍에서 송진을 피처럼 흘린다. 이 나무의 내음을 만만하게 보아서는 안 된다. 목숨을 지키려고 싸우는 생물이 내뿜는 화학 물질의 날카로운 자극이기 때문이다. 폰데로사소나무가 스트레스를 받거나 상처를 입었을 때 분비하는 송진에서 부드러운 리모넨보다 거센 피넨이 우세하다는 사실은 실험으로 입증되었다. 이것은 곤충을 퇴치하는 무기일 뿐 아니라 자신이 곤경에 처해 있음을 주변 식물들에게 알리는 신호이기도 하다.

협곡에 있는 나머지 폰데로사소나무들의 향기는 노목보다는 균일하지만, 그럼에도 가까이서 주의 깊게 숨을 들이마시면 한 그루 한 그루를 구별할 수 있다. 건조하고 더운 비탈에 있는 나무의 내음에는 알코올, 타닌, 가죽의 냄새가 은은하게 서려 있다. 이런 어둠의 흔적은 이곳에서는 드문 것으로, 북쪽의 콜로라도 프런트 레인지의 나무에서 더 흔히 볼 수 있다. 그곳 나무들에 코를 갖다 대면 버번 잔을 코에 갖다 대는 듯한 느낌이 들 때가 있다. 가장 우람한 나무들의 내음에는—오래전 벼락에 맞은 흉터로 껍질이 갈라진 것도 많다—탄 갈색설탕과 캐러멜의 기미가 스며 있다. 아니면 나의 눈이 코를 혼란시켜 불의 냄새를 맡게 하는 걸까? 젊은 나무, 특히 물이 풍부한 협곡 자락에 있는 나무들은 순수한 스카치 향을 방출하며 말썽이나 위기의 기색은 전혀 드러내지 않는다. 나는 1년 내내 나무들의 냄새를 맡아보았기에 이것들이 생장 철의 향기임을 안다. 이에 반해 겨울에는 송진의 흐름이 느려지고 추위 때문에 향기 분자의 활성이 제약된다. 하지만 눈에 덮였어도 나무는 각자 자신의 성격을 간직한다. 1월에 폰데로사소나무 몇 그루는 (내 코에는) 침묵했으나 나머지는 쌀쌀한 햇볕에도 자신의 향기를 노래했다.

○

각 개체의 냄새에는 자신의 혈통과 국지적 환경의 성질이 드러나 있다. 이를테면 레몬 향 송진을 내는 부모 나무는—로키산맥 태평양 쪽의 폰데로사소나무에 더 흔하다—자신의 화학적 성향을 후손에게 물려준다. 새, 고래, 곤충의 노래와 인간의 언어 같은 동물의 목소리에 지역적 방언이 있는 것과 마찬가지로 나무의 목소리에도 나름의 방언이 있다. 각 지역의 나무들은 보금자리의 습도와 곤충에 맞게 적응할 것이다. 각 서식처 내에서는 각각의 어린나무들이 토양, 물, 이웃 나무, 초본 초식 동물, 천공충의 독특한 조합을 맞닥뜨린다. 향기로 인해 드러나는 나무의 개성은 유전과 환경의 혼합물이다.

우리 인간이 향기로 인식하는 것은 사실 나무의 소통 수단이자 방어 수단이다. 나무들이 공기 중에 내뿜는 분자들은 서로를 연결하고 숲 소식과 관련된 정확한 메시지를 전달한다.

'천적의 굶주린 주둥이가 어디 있지? 우리 방언으로 대답해주기 바람.'

종에 따라서는 친척 나무들만이 올바른 화학 물질 조합을 해독할 수 있다. 이를테면 로지폴소나무는 다른 나무로부터 균류 공격에 대한 향기 신호를 받았을 때 향기 특성이 비슷한 나무—친척일 가능성이 크다—의 신호에는 반응하지만 다른 나무의 신호에는 반응하지 않는다. 사람들이 자신과 같은 억양으로 말하는 사람에게 특별한 관심을 보이는 것과 마찬가지로 이나무들은 친척의 화학적 신호와 이방인의 화학적 신호를 차별하는 듯하다. 이런 식으로 나무들은 숲의 공기를 통해 끼리끼리

속삭인다. 유서 깊은 나무 사회는 서로 협력하되 공모하기도 한다. 이것은 생산적인―말 그대로 결실을 거두는― 긴장이다. 우리의 둔한 코와 이해력으로는 이 대화의 변죽만을 간신히 알아들을 뿐이지만.

나무의 이 분자들은 곤충을 공격하여 신경 세포들의 연결을 절단하거나 교란함으로써 곤충을 병들게 하거나 죽인다. 곤충이 자신의 줄기나 잎을 먹어치우고 있음을 감지하거나 이웃 나무로부터 이런 공격에 대한 경고를 받으면 나무는 살충 화학 물질의 생산량을 부쩍 늘린다. 초식 곤충을 공격하는 포식자―곤충을 잡아먹거나 곤충에 기생하는 딱정벌레와 벌―는 공기 중에서 나무의 방어용 향기를 맡아 먹잇감의 위치를 알아낸다. 화학 물질은 포유류의 코에도 (간접적이긴 하지만) 신호를 전달할 수 있다. 사슴, 가시도치, 애버트청서는 모두 향기가 약한 나무를 즐겨 먹는다.

폰데로사소나무의 무시무시한 적 산나무좀은 이 화학적 대화를 교묘히 악용한다. 녀석들은 나무를 공격할 때 나무의 모노테르펜을 탈취하여 화학 구조를 바꾼다. 그러면 강력한 페로몬이 만들어진다. 개조된 분자는 나무좀이 발산하는 그 밖의 냄새들과 혼합되어 다른 나무좀들을 불러들인다. 이 침략자들은 나무에 몰려들어 대규모 공격을 벌인다. 나무의 방패를 자신의 창으로 둔갑시키는 것이다.

소나무의 향기를 매개로 지상에서 펼쳐지는 드라마는 공중
으로 떠올라 하늘을 변화시킨다. 전 세계 식물이 해마다 공중에
내보내는 향기 분자는 1조 킬로그램에 달한다. 열대림에서 가
장 흔한 이소프렌은 휘발유 냄새가 살짝 감도는 분자다. 소나
무 숲에서는 피넨이 지배적이다. 나무들이 하늘로 뿜어내는 거
대한 날숨은 하늘에서 비의 단초가 된다. 향기 분자 하나하나

는 공중에 몇 시간만 머물다 땅에 떨어지거나 생물에 재흡수되
지만, 이 시간 동안 빗방울이 형성되기
위한 씨앗이 될 수도 있다. 어떤
분자들은 자기들끼리 뭉쳐 직
접 씨앗이 되고 또 어떤 분
자들은 티끌에 달라붙음으
로써 작은 알갱이들을 더 끈
끈하게 만들어 수증기를 더 강
하게 유인한다. 하늘의 일부는
숲으로 이루어졌다. 다음번에 비

가 내리면 떨어지는 빗방울 중 상당수가 나무의 날숨에서 탄생했음을 알아주시길.

　내가 폰데로사소나무의 내음에서 느끼는 기쁨은 숲에서 벌어지는 소통의 핵심에 나를 동참시킨다. 나무는 서로 흉금을 터놓는다. 곤충은 그 말을 엿듣고 모의한다. 땅과 하늘이 대화한다.

07

백미러에 매달린 소나무

탄생 연도: 1954년 특허 등록

66

나무를 비롯한 식물이 공기 중에 방출하는
향기 분자는 숲의 공기에 특징적인 향기를 부여하고
하늘에서 빗방울의 씨앗이 될 뿐 아니라
도심 오염 물질의 일부가 되기도 한다.

99

런던 택시가 모퉁이를 돌 때마다 백미러에 매달린 마분지 나무가 달랑달랑한다. 차가 휘청거리면서 압축된 섬유소의 사이사이에서 소나무 향과 레몬 향이 빠져나온다. 바로 이곳 차의 실내에서 숲의 공기가 훅 밀려든다.

아무 도시나 고속도로를 몇 분간 달리는 동안 택시나 배달트럭 같은 운송용 차량의 앞 유리창을 꼼꼼히 살펴보라. 지역에 따라서는 앞 유리창 뒤에서 마분지 나무가 실내를 향기로 채우는 차량이 절반에 이른다. 오늘날 이 '끈에 달린 나무'는 향기에 따라 여러 종류가 있다. 나무마다 나름의 색깔과 그림이 마분지에 붙어 있기 때문에 언뜻 보기만 해도 각 승용차나 트럭의 향기 특성을 알 수 있다. 영국과 유럽에서는 리틀트리스®의 '북극얼음'이 인기인데, '남성적'이고 '아웃도어적'인 향기를 내세워 "시트러스를 가미한 현대적이고 상쾌한 향기"를 약속한다. 미국에서는 '코튼 캔디'의 파스텔컬러 구름이 "솜사탕, 딸기, 바닐라의 달콤한 조합을 통해 어릴 적 기억을 불러일으킨"다. 깃발에 인쇄된 '아메리카' 나무는 "독보적인 바닐라아로마® 향기"를 발산한다. 천연 제품을 모방한 인조 제품에 상표를 붙이는 것이야말로 미국을 가장 잘 나타내는 특징일 것이다.

일부 지역에서는 앞 유리창 시야를 가리는 것이 법으로 금지되기 때문에 경찰관이 차량을 세우고 싶을 때 이 달랑거리는 나무는 손쉬운 핑곗거리다. 그렇다면 이 향기들 중 하나가 "참나무통에서 숙성된 켄터키 버번의 풍성한 향"인 것은 놀라운 일이다. 이 향기를 선택한 운전자는 경찰관의 지시에 따라 유리창을 내리는 순간 아차 싶을 테니 말이다. 어쩌면 술 냄새 나는 방향제가 날숨에 밴 진짜 술 냄새를 가려줄지도 모르겠지만.

저는 술을 마시지 않았습니다, 경관님. 술 냄새가 나는 건 나무 때문이라고요.

이 현대식 나무가 내뿜는 다양한 향의 즐거움은 구식 소나무 향에 뿌리를 두고 있다. 마분지 방향제, 비닐 봉투, 끈—손가락을 보호하는 포장 비닐 안의 마분지에서 향이 발산하도록

하는 조합—을 이용하여 소나무 숲의 신선한 향기가 나도록 하는 아이디어에 처음으로 특허를 받은 사람은 율리우스 제만이다. 1954년 첫 특허를 받은 제품은 가슴 큰 여인이 등을 활처럼 젖힌 모양인데, 아마도 그녀는 숲에서 오랜 시간을 보내면서 늘 푸른나무들의 냄새를 맡았을 것이다. 5년 뒤 제만은 여성의 대상화에서 한발 물러나 소나무 모양의 비슷한 제품에 대해 특허를 출원했다. 그가 발명의 영감을 얻은 것은 우유 배달 트럭 운전사가 쏟아진 우유의 냄새에 대해 불평하는 것을 들으면서였다. 1950년대 들어 교외화 현상으로 인해 더 많은 사람들이 승용차와 트럭에서 시간을 보내게 되었으나 당시에는 차량 실내의 냄새를 조절할 방법이 거의 없었다. 제만은 화학자였고 나무에서 향을 추출한 경험이 있기에, 향기 분자를 차량에 들여올 기회를 놓치지 않았다.

○

나무가 달랑거리기를 멈췄다. 우리는 교통 체증에 걸렸다. 휘발유 부산물과 질소 산화물이 배기관에서 뿜어져 나온다. 매연이 햇볕을 쬐면 오염 물질이 데워지고 반응하여 오존을 생성한다. 우리의 차량 실내는 이제 화학 실험실이 된다. 나무에서 비롯한 모노테르펜이 차량의 질소 산화물 및 오존과 섞여 밀폐된 공간 안에 머문다. 화학자들이 이 실험을 재현하면 오염 물질이 방향제 화학 물질과 반응하여 눈에 보이지 않는 입자와 유기 기체의 안개가 생성된다. 이 현상은 밖에서도 일어난다. 차량 매연, 특히 질소 산화물이 나무의 향기 분자와 섞이는 곳에서는 반드시 오존에 이어 미세 미립자가 생겨난다. 나무를 비롯한 식물이 공기 중에 방출하는 향기 분자는 숲의 공기에 특징적인 향기를 부여하고 하늘에서 빗방울의 씨앗이 될 뿐 아니라 도심 오염 물질의 일부가 되기도 한다.

차량 안에서 나무 내음과 차량 매연이 섞이면 폐뿐 아니라 다른 인체 조직에도 위험할 수 있다. 방향제와 오염 물질을 혼합하는 실험에서는 아세톤, 포름알데히드, 아크롤레인, 아세트알데히트 같은 다른 기체들도 생성되었다. 하지만 이 혼합물이 현실에서 차량 실내의 마분지 나무에 어떻게 작용할지는 판단하기 힘들다. 이 화학 물질들을 혼합하고 측정한 실험은 실험실이라는 통제된 환경에서 실시되었기 때문이다.

현대는 숲의 건강한 숨결을 심란하고 모호한 것으로 바꿔버렸다. 나무는 공기 중의 오염 물질을 제거하며, 도시에 식재되면 공기 중의 입자를 흡수하여 오염을 줄일 수 있다. 잎 안에서 오염 물질의 독성을 중화하는 나무도 있다. 나뭇잎이 무성한 지역은 황량한 거리보다 대체로 오염이 덜하다. 하지만 질소 산화물 오염이 심각하고 나무가 향기 분자를 하늘에 쏟아내는 시기에는 나무의 숨결과 햇빛, 연소된 화석 연료가 충돌하여 생긴 미립자 오염 물질의 안개가 자욱하게 낀다.

미래에는 혼잡한 도로에 가로수를 심을 때 각 수종의 향기 특성을 고려할지도 모르겠다. 이것은 인간의 코를 즐겁게 하기 위해서가 아니라 오염을 최소화하기 위해서다. 이를테면 단풍나무는 버즘나무에 비해 이소프렌을 훨씬 덜 배출한다. 라임나무는 거의 배출하지 않는다. 그러므로 도심 오염을 최소화하려면 버즘나무는 도로에서 멀리 떨어진 공원에 심는 게 상책이지만 라임나무와 단풍나무는 혼잡한 도로에 늘어세워도 괜찮을 것이다.

정체가 풀려 차량이 움직인다. 신부의 손에서 달랑거리는 향로처럼 백미러의 향기 나무가 흔들거린다. 차가 움직일 때마다 우리에게 향기를 내뿜으며 현대성의 모호한 축복을 베푼다.

08

남극너도밤나무

오스트레일리아 퀸즐랜드

탄생 연도: 미상. 아마도 수 세기 전

젖은 토탄의 진한 냄새. 쿰쿰한 부식의 기미.

양치식물 엽상체의 매운 향기.

이곳에서 숲을 거니는 것은 이끼 세계를 헤엄치는 것과 같다.

거대한 가지가 줄기에서 떨어졌다. 부러진 밑동에서 매끄러운 목전층(木栓層)이 드러난다. 한가운데의 가지는 적포도주에 담근 듯한 적갈색이다. 이 핵심을 둘러싼 것은 크림색 목질부 층으로, 줄기가 부러질 때 껍질이 벗겨져 나간 부위는 만지면 매끈매끈하다. 두 가지 색조가 선명한 대조를 이루는 상처 딱지를 들어올려 코에 갖다 댄다. 은은한 향이 어리둥절하다. 축축한 바람이 오싹하지만 나무가 온기와 평온을 가져다준다. 버터를 듬뿍 넣어 오븐에서 갓 구운 페이스트리 냄새. 잘 익어 햇볕을 쬐는 사과의 향기. 하지만 이 인상은 금세 희미해진다. 가지는 불과 몇 분 전에 떨어졌으며 목질부는 바람을 맞아 내면의 목숨

을 거둘 참이다.

　이 나무의 영어 일반명인 '남극너도밤나무(Antarctic beech)'에서는 식민국 식물학자들의 혼동과 오만함을 볼 수 있다. 이 나무의 밝은 목질부와 뾰족뾰족한 잎이 영국의 너도밤나무와 겉보기에 비슷하다는 이유로 그들은 이름을 빌려 이 나무를 너도밤나무나 참나무 중 하나로 분류했다. 학명 '노토파구스(Nothofagus)'는 '가짜이거나 서출인 너도밤나무'를 뜻하는 모욕적 표현이다. 식물학자들은 이 가짜 나무가 상상 속의 '더 참된' 영국 본토에서 남반구로 이주했다고 생각했지만 정작 나무는 사뭇 다른 이야기를 들려준다. 오히려 이 나무들은 고대 남반구의 초대륙인 곤드와나 대륙 숲의 후손이며 9000만 년 전 백악기로 거슬러 올라가는 독자적인 과(科)에 속한다. 오늘날 43종의 노토파구스속 나무가 칠레부터 뉴질랜드에 이르기까지 남반구 전역에 서식한다. 남극이 얼어붙기 전 그곳에 흔한 수종이었으며, 이는 지금 얼음 밑에서 발견되는 잎과 목질부 화석으로 확인할 수 있다. 예부터 이 지역을 관리하는 원주민들의 분잘룽유감베어(語)에서는 이 나무를 웨이가르가라고 부르는데, (이 나무가 서식하는 고도인) '위쪽'을 뜻하는 '웨이간'과 관계가 있는 듯하다. 이것은 제국주의적 편견이나 오해와 무관한 토박이 이름이다.

　땅에 떨어진 가지의 독특한 내음은 너도밤나무나 참나무의 날카로운 알싸함과 전혀 다르며, 웨이가르가 곤드와나 대륙에서 밟은 진화 경로의 산물이다. 잎의 화학적 조성을 연구했더니 노토파구스속은 향기 분자들의 조합이 종마다 독특하다. 커다란 가지를 떨어뜨린 남극너도밤나무에서는 가장 순한 향기가 난다. 아마도 근연종들에게서 발견되는 일부 분자가 없는 듯하다. 이 차이의 생태적·진화적 원인은 알려져 있지 않다. 우리가 아는 사실은 향기가 초식 곤충을 퇴치하므로 나무마다 서식처의 초식 곤충들에 맞게 적응했으리라는 것이다.

이곳 오스트레일리아 동쪽 끝에 있는 웨이가르가 서식처는 식물의 수액을 빨아먹는 최초의 곤충의 후손을 비롯하여 다른 어디에서도 찾아볼 수 없는 곤충이 서식하는 독특한 곳이다. 이 곤충들은 나뭇가지 위의 무성한 이끼에서 사는데, 이 서식처는 수천만 년간 별로 달라지지 않았을 것이다. 이 특별한 생태계가 유지된 것은 사화산이 만든 일정한 기후 조건 덕이다. 너비가 100킬로미터인 이 침식 칼데라는 가장자리가 높이 솟아 있다. 저지대의 유칼립투스 숲과 방목지, 태평양 연안에서 불어오는 바람은 급경사면을 타고 올라오면서 차갑게 식는다. 이렇게 갑자기 온도가 낮아지면 공기 중의 수증기가 응결하여 자욱한 안개가 낀다. 화창한 날에도 숲에서는 짙은 구름이 하늘을 떠다닌다. 웨이가르가와 이것에 의존하는 모든 곤충은 이 습하고 우중

충한 지대에서 삶을 이어간다. 나무들은 아슬아슬한 가능성 속에서 살아간다. 바람은 충분한 수분을 함유해야 하고 온도는 딱 알맞아야 한다. 비록 두 그루의 가지 폭 정도밖에 안 되는 좁은 영역에서 목숨을 부지하지만, 무성한 가지는 곤드와나 우림의 풍요를 우리의 감각에 일깨운다.

○

가지를 길가에 내려놓고서 이 우람한 옹이박이의 나머지 부분을 감싼 흙냄새로 돌아온다. 젖은 토탄의 진한 냄새. 쿰쿰한 부식의 기미. 양치식물 엽상체의 매운 향기. 이곳에서 숲을 거니는 것은 이끼 세계를 헤엄치는 것과 같다. 나는 거대한 나무에 의해 축소되어 이끼에 둘러싸인 톡토기요, 완보동물이요, 선형동물이다. 줄기와 가지는 하나도 빼놓지 않고 이끼를 둘렀다. 양치식물 엽상체가 가지의 무성한 덤불을 뱀처럼 누비며 얽히고설킨 사이사이로 노처럼 생긴 잎을 삐죽 내민다. 물을 잔뜩 머금은 이 무성한 덮개의 무게는 가지가 부러져 내 발치에 떨어지는 데 한몫했을 것이다. 모든 나뭇가지는 하늘 호수이며 거센 돌풍은 나무를 한계 너머로 몰아붙인다.

이 고립된 산등성이에서 나무들은 스스로 비를 만든다. 타

래처럼 풍성한 이끼와 이엉처럼 빽빽한 나뭇잎은 칼데라 가장
자리를 지나는 안개의 강을 가로막는다. 이 안개에서 생겨난 물
방울이 나무에 떨어져 모인다. 이곳에서 자라는 나무와 식물은
구름에서 물을 얻는다. 나뭇가지 위의 이끼와 양치식물은 하늘
에 대고 입을 오물거리며 이렇게 수확한 물의 일부를 저장한다.
나머지 물은 퐁당 소리를 내며 나무 아래의 땅에 떨어진다. 나
무 한 그루 한 그루는 비 제조기이며 주위로 동그랗게 땅이 젖
어 있다. 이 후광 사이사이의 땅은 마른 흙으로 덮여 있다.

이 서식처는 습도가 한결같고 온도도 비교적 일정하기에—
열파와 결빙은 이곳에서 드문 현상이다—나무가 살아가기에
알맞으며, 이곳의 많은 나무들은 수백 년을 산다. 늙은 줄기가
쓰러지면 살아 있는 뿌리에서 새 줄기가 돋아 불룩한 옹이투성
이 밑동을 이룬다. 상당수 나무는 하도 오래된 탓에 주변의 흙
이 느릿느릿 침식되어 뿌리가 죽마처럼 1미터나 땅 위로 돌출
해 있다. 뿌리와 줄기의 거대한 크기에 기가 죽는다. 뿌리 사이
의 공간이 하도 넓어서 나의 온몸이 들어가고도 남는다.

이 온대 우림의 풍성한 향은 코를 찌르는 소금기만 없다뿐
이지 암석 해안과 똑같다. 물과 하늘, 생명이 만나는 곳에서 양
치식물이 환호한다. 해안을 연상시키는 향은 4억 5000만 년도
더 전에 고생대 해안에서 최초의 조류(藻類)와 육상 식물이 벌인

옛 정복의 결과다. 그 뒤로 물을 빨아들이는 뿌리와 수분에 의해 생생해지는 잎은 수분과 식물의 결합을 오늘날까지 이어왔다. 결합의 축하연은 이곳 곤드와나 숲에서 절정에 도달한다. 물과 땅 위 식물이 하나로 흘러들어 나무 거인을 땅에서 들어올리고 초록 내음 속에서 공기를 빨아들인다.

09

흰참나무(미국참나무)

스코틀랜드 에든버러, 테네시주 시워니

탄생 연도: 1830년

위스키를 냄새 맡고 맛보는 것은 타닌, 나무의 알싸함,
캐러멜화된 설탕으로 대표되는 참나무의
감각 세계에 뛰어드는 것과 같다.

이곳은 에든버러의 한 술집이다. 내 앞에는 황금빛 호박색 액체
가 담긴 세 개의 작은 잔이 시음용으로 놓여 있다. 스카치위스
키 두 잔과 켄터키 버번 한 잔이다. 첫 번째 스카치를 흔들고 냄
새를 맡고 한 모금 홀짝인다. 토탄 연기와 쌉쌀한 참나무 향이
올라온다. 진하고 상쾌하다. 두 번째 스카치는 쌉쌀한 향이 깔
려 있지만 더 따스하고 나른하다. 훈향(燻香)은 전혀 없다. 바닐
라와 다크 토피 사탕의 냄새가 살짝 섞여 있다. 그다음은 버번 차
례다. 코는 캐러멜과 향신료 향을, 혀는 후추 맛과 단맛을 느낀다.

　잔마다 나름의 성격이 있어서 곡물, 맥아 제조 공정, 위스키
생산과 숙성에 쓰이는 술통의 차이를 보여준다. 토탄 불에 구운

보리 맥아는 연기를 쬔 흔적을 향으로 간직한다. 훈연하지 않고 구운 보리는 끝맛이 더 연하다. 옥수수의 단맛은 호밀의 더 섬세하고 진한 손길에 누그러져 버번에 꿀맛을 더한다. 하지만 이렇게 다양한 위스키들을 하나로 묶는 것이 있으니, 그것은 참나무, 대개는 흰참나무다. 버번은 새 참나무 통으로 숙성하도록 법률로 정해져 있다. 버번을 뽑아낸 술통의 상당수는 바다를 건너 스코틀랜드에 가서 스카치를 담은 채 노년을 보낸다. 일부 스카치는 셰리 술통을 쓰기도 하는데, 통을 유럽참나무로 만드는 경우도 있다. 위스키를 냄새 맡고 맛보는 것은 타닌, 나무의 알싸함, 캐러멜화된 설탕으로 대표되는 참나무의 감각 세계에 뛰어드는 것과 같다.

위스키에서 드러나는 참나무의 특징이 어찌나 뚜렷한지 술집에 서 있는 나의 코는 테네시 옛집 옆에 쌓아놓은 나무 더미의 기억으로 나를 데려간다. 흰참나무, 특히 그 근사한 내음이 기억난다.

여름이면 벌목한 흰참나무를 트럭에 실어 날라서는 패어 쌓기 위해 진입로에 부렸다. 절단한 통나무 토막을 도끼로 쪼갠

다음 건조를 위해 차곡차곡 쌓노라면 땔나무의 든든한 무게가 어깨에서 느껴졌다. 나무토막 하나하나는 햇빛의 덩어리이자 생명열의 저장고다. 참나무는 이 분자들을 잎에 모아들여 줄기로 내려보내며 해마다 새로운 목질층을 덧붙인다. 뿌리에서 흡수하는 몇몇 무기물을 제외하면 나무는 오로지 공기, 물, 햇빛으로 이루어진다.

나의 근육은 나무의 무게가 가진 의미를 알고 있었다. 그것은 겨울을 날 수 있는 열을 차곡차곡 쌓아두어 추위에 대비했다는 안도감이었다. 나의 코도 이해했다. 참나무를 쪼개어 짊어지면 만족스러운 나무 향이 안개처럼 피어오른다. 대부분은 정향을 가미한 흑차(黑茶)처럼 날카롭고 달짝지근한 타닌이다. 떫고 맵다. 이것은 참나무의 가장 특징적인 향으로, 도목(倒木), 땔나무, 널빤지, 술통에서 맡을 수 있다. 속나무는 콧구멍이 아릴 만큼 시큼털털한 냄새가 난다. 해가 갈수록 참나무는 몸통 한가운데에 타닌과 방어용 화학 물질을 쌓아 부패를 늦춘다. 줄기 바깥쪽의 가벼운 목재에는 코코넛과 태운 설탕의 향이 은은하게 서려 있다.

내가 쪼개어 쌓은 흰참나무는 그해 죽은 것이었다. 나무가 죽은 뒤 그루터기와 도목으로서의 삶은 수십 년간 균류와 많은 동물을 살찌울 수도 있었을 것이다. 이 테네시 숲에 서식하는 동물 종의 절반 이상이 적어도 일생의 한 시기에는 죽은 나무에 의존한다. 도목은 노래기에게는 먹이가 되고 달팽이에게는 둥지가 되고 도롱뇽에게는 겨울철 은신처가 되어준다. 하지만 도로변에서 자라던 이 나무는 가지가 떨어져 피해를 줄 수 있어서 쓰러지자마자 치워야 했다. 나이테로 따져 1830년으로 거슬러 올라가는 것으로 보건대 이 나무는 도로보다 오래되었다.

이 나무가 발아한 것은 테네시주의 이 지역이 아직 체로키족 영토일 때, 집단 살해 수준의 강제 이주를 통해 유럽인들이 이 땅을 차지하기 전이다. 나는 이 나무를 시 소각장에서 구출했다. 그곳은 시 외곽 사암 지대에 판 구덩이다. 도시 관리 직원들은 정기적으로 구덩이에서 나무를 소각하여 수년치 나무 에너지를 하늘로 올려보낸다. 이 나무는 그렇게 헛되이 사라질 운명에서 벗어나 내 난로에서 연소했다.

이 흰참나무는 소각장에서 찾은 행운의 선물이었다. 나는 땔나무를 쌓으면서 포도주와 위스키 통의 향에 흠뻑 젖었다. 술집에서 위스키 석 잔을 시음하는 지금, 이 향들은 통나무를 쪼개는 유쾌한 노동과 땔나무를 쌓을 때 내 손에 느껴지던 참나무의 꺼끌꺼끌함으로 나를 데려간다.

하지만 내가 발견한 것이 붉은참나무였다면 나는 식초와 오래된 엔진 오일 냄새를 맡았을 것이다. 그것은 휘발성 유기 화합물이 나무에 고농도로 농축된 결과다. 참을 수는 있지만 유쾌한 향기는 아니다. 핀오크였다면 소각장에 내버려두었을 것이다. 핀오크는 쪼개면 수고양이 오줌 냄새가 나는데, 두어 해 건조해야 겨우 희미해진다. 현지에서는 오줌참나무라고 부른다. 핀오크의 원산지는 부패의 위협이 상존하는 축축한 진흙 위주의 토양이기에 매캐한 화학 물질을 두둑하게 가지고 있어야 유리하다.

고급 위스키 감정가와 마찬가지로 북아메리카 동부 숲의 다람쥐들도 참나무의 향과 맛에 일가견이 있다. 가을이 되면 여러 종의 참나무가 일제히 도토리를 떨어뜨린다. 다람쥐는 흰참나무 도토리를 발견하면 그자리에서 먹어치우지만 붉은참나무 도토리는 훗날을 위해 저장한다. 흰참나무는 붉은참나무에 비해 떫은 타닌이 덜 농축되어 있

는데, 도토리도 마찬가지다. 그래서 다람쥐는 더 달콤한 흰참나무 도토리를 먼저 먹고 붉은참나무 도토리는 묵혀둔다.

여기에는 또 다른 이점이 있다. 흰참나무 도

토리는 땅에 떨어지면 금세 발아하여 작은 곧은뿌리를 뻗고 저장된 녹말 에너지의 일부를 꼬마 잎으로 전환한다. 따라서 흰참나무 도토리는 저장하기가 힘들다. 하지만 붉은참나무 도토리는 겨우내 휴면 상태에 있다가 봄에 발아한다. 떫은 도토리를 저장해두면 다람쥐는 늦겨울에 영양가 높은 먹이를 먹을 수 있다.

내가 위스키와 참나무 냄새를 맡는 것은 아마추어의 솜씨다. 학부 1학년의 분류학이라고나 할까. 포도주와 위스키의 장인들은 차이를 훨씬 섬세하게 포착하는데, 종종 참나무의 종뿐 아니라 한 종의 지역적 변이까지도 구분해낸다. 예부터 적포도주와 버번, 위스키는 모두 참나무 통에서 숙성했다. 오줌참나무와 붉은참나무는 결코 쓰지 않는다. 북아메리카 동부나 유럽에서 온 흰참나무만 술통이 된다. 그중에서도 속나무가 가장 좋은데, 적절한 타닌을 비롯한 향기 분자들이 가장 많이 농축되어있기 때문이다.

참나무 통널은 몇 주, 몇 달, 심지어 몇 년에 걸쳐 나무의 노래를 술에 배어들게 한다. 요즘은 발효 과정의 일부를 철제 통에서 진행하는 곳도 있지만, 그런 다음에는 (모든 버번과 대부분의 위스키, 일부 적포도주의 경우) 참나무 통에 옮겨 숙성한다. 지금은 참나무, 특히 유럽참나무가 수백 년 전보다 희귀해졌기에 통을 재사용하며 이 대륙에서 저 대륙으로 운반한다. 스카치 한 잔에는 두 대륙의 향이 어우러져 있다.

모든 흰참나무가 술통에서 같은 작용을 하는 것은 아니다. 결이 치밀한 미네소타산 흰참나무는 향미를 통 안의 술에 느릿 느릿 내보내기에 타닌이 미묘하고 부드럽다. 버지니아산 흰참 나무는 기공이 발달하여 향을 더 적극적으로 나눠준다. 유럽참 나무는 개암과 짙은 훈연 향이 난다. 향의 이 모든 미묘한 특성 은 술통 제조 과정에서 장인이 빈 통 내부를 불로 그슬릴 때 조 절된다. 내부를 얼마나 태우느냐에 따라 향미가 달라진다. 불의 혀로 핥기만 하면 매운맛이 나고 적잖이 구우면 바닐라와 토피 사탕의 향이 느껴지며 바싹 태우면 로스팅한 커피 향을 맡을 수 있다. 술통의 테루아(원산지에서 오는 차이나 독특함_옮긴이)와 처리법은 토탄 훈연, 포도와 곡물 못지않게 술의 향미를 좌우한다.

○

식물의 타닌과 유사 향기 분자를 음미하는 것은 우리만이 아니다. 대부분의 초식동물, 특히 목질부와 잎을 먹는 동물의 식단에는 이 분자들이 풍부하게 들어 있다. 식물은 종마다 나름 의 맛과 향이 있으며 하나의 식물에도 잎마다 독특한 개성이 있 다. 타닌이 축적되려면 시간이 필요하기에 타닌의 농도는 대체로 잎이 오래될수록 증가한다. 사슴이나 염소가 입술과 혀를 놀리는 동작을 보면 녀석들은 식물을 선별하여 자신이 좋아하는 것을 매우 정확히 골라낸다. 이 동물들은 혀와 코가 예민할수록 유리하다. 타닌을 비롯한 식물의 향기 화학 물질은 낮은 농도에서는 항진균제, 항균제, 항산화제 작용을 한다. 동물은 복통이 생기면 타닌이 함유된 먹이를 찾아 장내 기생충을 구제하는 자가 치료를 한다.

우리도 마찬가지다. 우리는 차, 커피, 포도주, 과일처럼 타닌이 풍부한 음식과 음료를 먹으며, 아플 땐 타닌이 함유된 약초를 복용한다. 타닌은 떫고 쌉쌀한 맛을 입안에 남기며 그중 일부는 나머지 향들이 코에 전달되는 속도를 늦춘다. 살짝 우린 차와 오래 우린 차를 비교해보라. 앞의 것은 향이 미묘하고 다층적이다. 반면에 뒤의 것은 타닌이 우세한데, 차를 한 모금 마시고 입을 오므리면 더 확실히 느낄 수 있다.

타닌의 목적은 식물을 방어하는 것이다. 이 떫은맛 화학 물질은 거부감을 일으키며 심지어 독성이 있을 수도 있다. 척추동물 장내의 산성 환경에서 타닌은 단백질과 결합하여 소화 불량을 일으킬 수 있다. 곤충의 소화계는 염기성인 경우가 많은데, 이때는 타닌이 단백질과 결합하지 않지만 그 대신 장내의 분자와 세포를 산화시킨다. 말하자면 곤충을 몸속으로부터 태우는

셈이다.

초식 포유류는 이에 맞서 자신이 좋아하는 먹이의 타닌에 맞게 침을 진화시켰다. 말코손바닥사슴의 침은 아스펜과 자작나무의 타닌을 억제하고 비버의 침은 버드나무에 적응했고 생쥐는 도토리에, 노새사슴은 자신이 먹는 다양한 나무에, 고함원숭이는 열대 나뭇잎에, 흑곰의 침은 잡식동물에 걸맞게 모든 종류의 타닌에 대응한다. 인간의 타액 단백질은 곰과 마찬가지로 온갖 식물에 대비하고 있다. 많은 종은 특정 계절에만 타닌을 처리할 수 있지만 우리의 침은 1년 내내 타닌을 맞을 준비가 되어 있다.

나는 술집에 선 채 위스키 잔 앞에서 숨을 느리게 들이마신다. 위로가 되는 향이다. 쌓아놓은 땔나무나 통 속에서 숙성한 적포도주처럼 참나무 향은 집과 피난처를 떠올리게 한다. 우리는 참나무의 온기로 겨울을 대비한다

10

월계수

프랑스 파리
탄생 연도: 1980년

우리는 저마다 다른 기억들을 간직한다.

이 기억들에는 어린 시절과 초창기 삶의 성격이 배어 있다.

나무 내음은 우리를 길러낸 문화적 경험으로 다시 통하는 관문이다.

내게는 월계수가 그런 관문이었다.

후각은 가장 오래된 감각이다. 생명이 눈과 귀를 진화시키기 전에 세포들은 분자의 언어로 대화했다. 세포막은 그때나 지금이나 단백질 수용체로 가득한데, 각 수용체는 멀고 가까운 다른 세포들로부터 화학적 신호를 기다리는 안테나와 같다. 올바른 화학 물질이 세포막 표면에 결합하면 수용체 단백질이 형태를 바꿔 세포 내에서 연쇄 반응을 일으키거나 세포막의 전하를 급작스럽게 바꾼다.

이렇듯 화학 물질―향기 분자―이 도달하면 일종의 연금술을 통해 세포 내에서 생물학적 활동이 벌어진다. 허공을 떠다니는 분자는 세포 내의 작용으로, 그다음 (우리의 경우) 인체의 감각으로 바뀐다.

우리 인간의 코에는 1000만~2000만 개의 후각 수용체가 북적거린다. 각 수용체는 신경 세포로, 비강 맨 위를 덮은 얇은 수분 층에 빳빳한 센털 같은 고개를 처박고 있다. 이 센털들은 공기 중의 화학 물질을 붙잡아 신경의 나머지 부분에 신호를 쏘아 보낸다. 이 신호는 뇌로 발사된다. 우리의 코에 있는 수용체의 종류는 약 400가지에 이른다. 이에 반해 눈의 빛 수용체는 다섯 가지(빨간색, 파란색, 초록색을 감지하는 간상체와 저조도 '회색'을 감지하는 원추체, 배경 색을 포착하는 종류의 신경)에 불과하다. 이론적으로, 코가 우리에게 하는 말에 주의를 기울이면 우리의 냄새 지각은 1조 가지의 분자 조합을 구별할 수 있다. 향의 초(超)무지개라고나 할까.

우리 코에 있는 이 수용체 세포들은 연약하다. 피부 보호막 밑에 숨어 있는 나머지 인체 세포와 달리 이 세포들의 머리는 우리가 들이마시는 공기에 무방비로 노출되며 이 때문에 독소와 병원체를 직접 접촉하게 된다. 수용체를 덮은 얇은 점액층—우리가 흥 하고 풀어서 내보내는 콧물—은 정교한 보호막이다. 점액층 안에는 항체와 효소가 들어 있어서 해로운 화학 물질과 침입자 세포를 찾아내어 무력화한다. 이런 도움을 받긴 하지만 후각 수용체 세포의 삶은 고되고 짧다. 대부분은 두어 달밖에 못 산다. 우리의 후각은 이 세포들이 끊임없이 재생되는가에 달렸다.

개방과 연약함은 위험뿐 아니라 친밀함으로도 이어진다. 후각은 우리를 다른 존재들과 직접 연결한다. 우리는 나무 내음을 맡으면서 나무의 작은 부분과 물리적으로, 분자 대 분자로 연결된다. 나무와 인간의 경계선이, 조금이나마 흐릿해진다.

냄새는 오래된 세포 내 과정일 뿐 아니라 인간의 기억과 감정에 가장 직접적이고도 강렬하게 연결된 감각이기도 하다. 향이 코에 도달하면 신경이 뇌의 후각망울에 신호를 보내고, 뇌의 기부 및 중심—감정을 처리하는 편도체와 기억을 처리하는 해마—에도 보낸다. 나머지 감각들은 해석과 매개의 층들을 거쳐 전달되지만 향은 더 직접적이다. 우리 몸에 도달한 향은 깊숙이 느껴지는 신체적 기억과 감정으로서 맨 처음 인식된다. 뇌가 언어와 의식적 지각의 겉켜를 더하는 것은 나중 일이다. 하지만 이 겉켜는 말 그대로 뒷생각이다.

어떤 나무의 향이 당신에게 기억과 감정을 불러일으키는지?

늘푸른나무와 겨울철은 어떨까? 소나무, 젓나무, 가문비나무의 냄새에서 우리는 동지(冬至)의 감정을 떠올린다. 1년 중 가장 어두운 시기가 되면 초록색 가지를 집에 들여옴으로써 새로워진 삶에 대한 희망을 표현한다. 그곳에서 향이 우리에게 스며들면 우리는 기억에 잠긴다.

정향과 올스파이스를 곁들인 뜨거운 사과주는 어떨까? 이 향기는 종종 따스하고 안락한 기억을 불러일으킨다. 추운 날 모닥불 주위에서 발을 구르던 기억, 겨울비가 창문을 때릴 때 부엌에 모여 있던 기억을 떠올리게 한다.

대추야자 과자의 꽃향기와 밀랍 향기는 또 어떨까? 이것은 나무, 꽃, 설탕이 조합된 향으로, 중동과 북아프리카의 잔치와 별미를 연상시킨다.

바닥을 박박 닦은 교실의 상쾌한 소나무 냄새는 어떨까? 걸레질로 아직 젖어 있고 팔짝팔짝 뛰는 아이들로 활기가 넘치는 시끌벅적한 학교 복도의 소독약 냄새가 기억난다.

개잎갈나무 연필밥의 싸한 냄새는 어떨까? 이것은 시험 걱정을 예고하는 냄새이거나 깨끗한 종이에 그림을 그리며 시간을 때우는 즐거움을 예고하는 냄새다.

여름비가 내린 뒤 도심 공원에 자욱한 나뭇잎 냄새는 어떨까? 분주한 도시 한가운데 있더라도, 비가 내리면 나뭇잎과 흙의 내음이 우리를 감싸 여름 폭우의 기억을 흔들어 깨운다. 빗방울은 나무 표면을 적시고 흔들어 향을 들쑤셔서는 공기 중으로 내보낸다. 흙의 틈새에 스며든 빗물은 모래 입자와 진흙 입자 사이에 있는 공기를 밖으로 밀어내는데, 이것은 흙의 어두운 세상에서 내뱉는 숨이다. 이 냄새는 여느 냄새와 사뭇 다르기에

'페트리코어(petrichor)'라는 이름이 따로 있다.

◯

우리는 저마다 다른 기억들을 간직한다. 이 기억들에는 어린 시절과 초창기 삶의 성격이 배어 있다. 나무 내음은 우리를 길러낸 문화적 경험으로 다시 통하는 관문이다.

내게는 월계수가 그런 관문이었다. **라우루스 노빌리스**(*Laurus nobilis*)는 지중해 지역의 스튜와 수프에 들어가는 주재료다. 내가 어린 시절을 보낸 프랑스에서는 캐서롤의 향미를 내는 데 주로 쓰며 유럽과 중동 전역의 요리에서도 마찬가지다. 대체로, 요리가 끝나면 쓰고 난 잎은 음식을 내가기 전에 꺼내어 버린다. 나에게 월계수 내음은 뭉근히 끓는 스튜를 떠올리게 한다. 스튜의 냄새는 여러 명이 먹을 수 있을 만큼 커다란 냄비에서 몇 시간 동안 배어나올 것이다. 김에서 향기가 피어오른다. 냄새는 부엌을 채우고 옆방에 흘러들어, 음식이 조만간 나올 테지만 아직 다 되지는 않았음을 알린다. 군침이 돈다.

혀에서 월계수는 냄새의 성질과 맛의 성질이 연결되어 있음을 보여준다. 한 숟가락 뜨기 전의 향은 유칼립투스와 카르다몸이 힘차게 어우러진 가운데 후추, 라벤더, 정향이 은은히 스며 있다. 이것은 콧구멍을 통해 들어오는 냄새로, 비강의 수용체에 직접 전달된다. 하지만 입에서는 다른 경험을 하게 된다. 향미는 우리의 맛봉오리에 도달하여 침이나 음식의 액체 성분에 녹는다. 코에서 향을 맞이하는 수백 가지 수용체와 달리 혀의 감각 세포는 단맛, 쓴맛, 짠맛, 신맛, 감칠맛의 조합을 감지하는 데 특화되어 있다. 이 감각들은 코에 연결된 신경과 달리 미각 피질이라는 뇌 부위로 전달된다.

하지만 이런 차이가 있긴 해도 냄새와 맛은 별개가 아니다. 음식에 대한 후각적 해석과 미각적 해석은 우리의 의식적 지각 속에서 어우러져 먹는 경험에 대한 통합적 반응을 만들어낸다. 이 반응을 지원하는 것은 향이 코에 도달하는 두 번째 경로다. 우리가 음식을 씹거나 삼키면 향기 분자가 목구멍 뒤쪽으로부터 비강 속으로 솟아오른다. 숨겨진 제3의 콧구멍이라고 부를 만한 이 '날숨 경로'를 통해 우리는 음식의 향을 음미하고 냄새와 맛의 감각을 더 정교하게 섞을 수 있다. 월계수 잎으로 음식을 요리하면, 월계수의 맛은 대체로 연하지만 향기는 진하다. 따라서 월계수의 존재는 스튜를 먹을 때보다는 냄새 맡을 때 더 강하게 감지할 수 있다. 입에서 식물과 고기의 대화를 주도하는 것은 백리향과 로즈메리를 비롯한 다른 꽃식물들이다. 하지만 우리가 무모하게도 스튜에서 월계수 잎을 건져 씹어 먹는다면 입안의 쓴맛 수용체에서 난리가 벌어진다. 모든 양념을 통틀어 월계수 잎은 코에는 가장 친화적이지만 혀에는 가장 적대적이다.

⌣

따뜻한 부엌, 좋은 음식, 가족.

다른 향기 기억과 마찬가지로 월계수 잎은 이 연상들을 내게 단순히 암시하는 것이 아니다. 그 자체다. 월계수 잎의 향기는 나를 깊숙한 기억으로 곧장 빠뜨려 나의 내면에서 마음과 감정을 깨운다. 월계수 잎의 향에 대한 기억을 공유하는 사람들을 연결하면 지중해 요리와 전 세계 디아스포라(흩어진 사람들이라는 뜻으로, 팔레스타인을 떠나 온 세계에 흩어져 살면서 유대교의 규범과 생활 관습을 유지하는 유대인을 이르던 말_옮긴이)의 대략적 윤곽을 그릴 수 있다. 하지만 이것은 월계수 잎과 인간 기억의 연결을 나타내는 지도로는 엉성하다. 많은 이탈리아인들에게 월계수 잎 하면 연상되는 것은 스튜가 아니라 파스타 소스나 리소토일 것이다. 시리아의 알레포 비누와 함께 자란 사람에게 월계수 잎은 따뜻한 물과 비누칠—목욕 시간—의 향이다.

물론 월계수 잎은 우리에게 쾌감을 선사하려고 진화한 것이 아니다. 오히려, 우리가 향과 맛으로 지각하는 분자들에는 방어의 목적이 있다. 잎 공장의 특수 세포들은 이 화학 물질을—대부분 기름의 형태로—저장하고 분비한다. 약 200가지의 화학 물질이 기름에 녹아 있다. 월계수 잎을 요리하면 열에 의해 세포가 파괴되어 기름이 빠져나오는데, 이렇게 음식에 스며드는 방어용 화학 무기는 농도가 낮다. 하지만 곤충이 월계수 잎을 씹으면 화학 무기가 제대로 효과를 발휘한다. 한 입만 씹어도 공격자의 신경과 소화계가 중독된다.

마찬가지로 세균과 균류의 세포가 월계수 잎에 침투하려다가는 독성 기름을 뒤집어쓰기 일쑤다. 양이 독성을 좌우한다. 얼마나 쓰느냐에 따라 치명적 화학 무기가 될 수도 있고 기분

좋은 향기가 될 수도 있다. 아니면 이 두 가지 극단 사이에서 약이 될 수도 있다. 월계수 잎 추출물은 당뇨병 환자의 혈당 수치를 조절하는 데 쓰이며 항균제와 항산화제이기도 하다.

○

월계수는 스스로를 보호해야 할 이유가 충분하다. 월계수가 진화한 아열대림에서는 온난한 기후 때문에 곤충이 번성했다. 잎이 몇 달 만에 떨어지는 낙엽수와 달리 월계수는 늘푸른나무여서 잎이 1년 넘게 가지에 달려 있다. 따라서 두껍고 질긴 잎하나하나는 나무의 입장에서 중요하고도 귀중한 투자이며 기름을 잔뜩 동원하여 지킬 만한 가치가 있다.

월계수와 더불어 한때 유럽, 중동, 북아프리카의 숲을 주름잡던 올리브와 도금양 같은 식물도 마찬가지다. 이 종의 무성하고 향기로운 잎에서 우리는 고대 세계를 엿본다. 빙하기와 현재의 비교적 서늘하고 건조한 시기 이전 수백만 년간 월계수 숲은 지금의 메마른 유라시아와 아프리카의 드넓은 지대에 걸쳐 온난하고 습한 기후에서 번성했다.

월계수 잎의 내음은 무언의 기억으로—어릴 적의 맛있는 음식뿐 아니라 지중해 식생의 역사로—우리를 데려가는 길잡이다. 월계수 잎을 넣은 스튜의 만족스러운 냄새를 들이마시면서 인간적이자 생태적인 기억을 되새긴다.

11

나무 연기

전 세계 숲
탄생 연도: 오늘날

나무 연기는 언제나 우리를 공동체로
불러 모아 인류의 가능성을 열었다.
우리의 먼 조상 호모 에렉투스에게
불은 인류 문명의 첫 징후를 밝혔다.
초기 호모 사피엔스에게 불은 기술적 진보와
상상력 풍부한 이야기의 중심이었다.

"

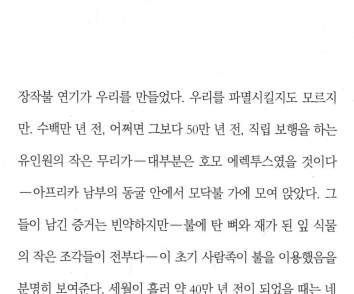

장작불 연기가 우리를 만들었다. 우리를 파멸시킬지도 모르지
만. 수백만 년 전, 어쩌면 그보다 50만 년 전, 직립 보행을 하는
유인원의 작은 무리가—대부분은 호모 에렉투스였을 것이다
—아프리카 남부의 동굴 안에서 모닥불 가에 모여 앉았다. 그
들이 남긴 증거는 빈약하지만—불에 탄 뼈와 재가 된 잎 식물
의 작은 조각들이 전부다—이 초기 사람족이 불을 이용했음을
분명히 보여준다. 세월이 흘러 약 40만 년 전이 되었을 때는 네
안데르탈인과 현생 인류 둘 다 불을 예사로 다뤘다.

　현생 인류의 조상과 사촌들에게 연기 냄새는 보금자리와 진
보의 냄새였다. 나무를 태우는 것은 진화의 촉매였다. 불꽃은

몸을 데우고 포식자의 접근을 막고 창을 벼리고 돌연장을 벗겨내고 자작나무 타르를 만들고 음식을 익혀 우리 조상들을 먹이고 보호했다. 불이 음식의 병원균을 죽이고 영양소를 끄집어낸 덕에 우리 뇌가 확장되고 기술이 발전할 수 있었다.

불은 문화에도 촉매 작용을 했다. 모닥불은 우리를 바싹 둘러앉혀 마음과 감정을 하나로 엮었으며 사회적 교류를 강화하고 심화했다. 오늘날까지도 우리는 불 주위에 모이면 혈압이 내려가고 대화가 상상의 나래를 편다. 포근한 모닥불이나 장작불을 보고 듣고 냄새 맡으면 우리는 차분해지며 금세 그 온기를 중심으로 남들과 어울려 이야기를 나눈다. 인간 사회는 장작불 불꽃 둘레에서 탄생했다.

그렇다면 우리가 제의나 잔치를 위해 모일 때 불을 피우는 것은 놀랄 일이 아니다. 식물성 재료를 태우는 것은 많은 종교 의식, 동지(冬至) 제의, 통과 의례, 비공식적 사교 모임의 핵심이다. 장작불의 냄새, 소리, 색깔은 타인과의 만남에서 경험하는 쾌감과 공동체 속에서의 일체감을 약속한다. 우리는 포유류로서는 이례적으로 불을 사랑하고 불을 굳이 보금자리에 들여온다. 이에 반해 나머지 포유류는 불의 위험을 피해 달아난다.

현대의 천연가스나 압축 목탄을 땔감으로 쓰더라도 우리는 진짜 장작불의 감각 경험을 갈망한다. 우리는 가스 그릴에 목재

칩 봉지를 던져 넣어 나무 타는 향을 더한다. 음식에 연기를 쐬어 풍미를 돋운다. 불꽃을 흉내 낸 전구와 온라인 스트리밍 동영상은 불꽃의 춤을 우리 눈앞에서 연출한다. 이 인공물은 불의 시각적, 청각적, 후각적 감각 경험을 갈망하는 것이 인간다움의 일부임을 시사한다.

하지만 나무 연기는 우리를 불구로 만들고 목숨을 앗고 몸을 뒤틀리게 하기도 한다. 하루 일과를 마치고 음미하는 연기에서는 처음에는 안락함과 유쾌함의 냄새가 느껴질지도 모른다. 하지만 같은 연기를 몇 주나 몇 년간 들이마시면 몸이 망가진다.

장작불 연기에는 400가지 이상의 화학 물질이 들어 있는데, 대부분—일산화탄소, 질소 산화물, 벤젠을 비롯하여 자극적이고 신경 독성이 있고 발암성이 있는 수백 가지 분자—은 인체에 유해하다. 장작불 연기는 불완전 연소에서 생긴 미세한 티끌 수십억 개로 공기를 뿌옇게 만들기도 한다. 이 미립자 오염 물질은 폐를 손상시키고 천식 발작을 일으킨다. 일단 폐에 들어온 입자는 우리의 혈액에 스며든 뒤에 몸속에서 말 그대로 불타는 증세[炎症]를 일으켜 장기를 손상시킨다.

하지만 인류의 진화는 이 생리적 위협을 감소시킨 듯하다. 인간에게는 연기의 자극적이고 유독한 효과에 대한 민감성을 다른 영장류에 비해 낮추는 유전자가 있다. 이 유전자는 불타는 나무에서 발생하는 독성 물질에 대한 인체 반응을 가라앉힌다. 우리에게 이 저항성을 가져다준 것은 우리 조상들이 겪은 고통이다. 연기를 마시는 것이 남달리 괴로운 사람들은 유전자를 남들만큼 남기지 못했을 것이다. 이것은 나무 연기가 그들에게 얼마나 해로웠는지 보여주는 척도다. 반면에 연기에 저항하는 돌연변이를 물려받은 사람들은 검댕과 매연을 들이마시면서도 번성하거나 적어도 살아남았다. 하지만 다른 종을 병들게 하고 죽이는 조건에서 생존하고 번식하는 이—영장류 중에서는 유일무이한—능력을 가졌더라도 우리 인간은 여전히 연기의 악영향을 겪는다.

불로 요리하는 사람이 가장 큰 위험에 노출된다. 세계보건기구의 추산에 따르면 전 세계 30억 명이 나무나 등유, 똥, 작물 부산물, 석탄으로 불을 때서 요리한다. 이 연기 자욱한 불에 폐, 신경계, 혈관, 심장이 손상되어 해마다 400만 명이 조기 사망하고 있다. 소아 폐렴 사망의 절반이 집 안 공기의 검댕으로 인한 것이다.

심지어 대부분의 사람들이 전기나 천연가스로 요리하는 나라에서도 나무 연기가 위험을 초래하고 있다. 영국에서는 가정의 나무 연소로 인한 미립자 오염 물질의 연간 배출량이 2003년에서 2019년 사이에 두 배로 증가하여 관련 대기 오염의 38퍼센트를 차지했다. 스웨덴과 뉴질랜드에서는 겨울철 미세 입자 오염의 70퍼센트가 나무 연소에서 발생한다. 뉴욕 북부에서도 30퍼센트에 이른다. 일부 가난한 가정을 제외하면 산업국에서 이렇게 장작불을 때는 것은 대부분 심미적 이유에서다. 우리가 장작불을 보고 냄새 맡고 느끼고 싶어하기 때문이다.

뉴욕 북부와 테네시에 살 때는 나도 장작불 피우는 행렬에 동참했지만—촉매 변환기를 이용하여 오염 물질 배출량을 감소시켰다—이제는 대안이 존재하는 상황에서 비효율적 장작난로를 정당화할 수 없다고 생각한다(내가 불꽃을 아무리 사랑할지언정). 나는 남들 가까이에서 살기 때문에 우리 집 장작 난로에서 피어오르는 연기는 이웃들에게 피해를 입힌다. 이것은 서글픈 결론이다. 나무에서 발생하는 열은 통제된 불에 대한 우리 조상들의 심미적 사랑에 맞닿아 있으며 경우에 따라서는 다른 열원에 비해 탄소를 덜 배출할 수도 있다. 하지만 남들 곁에 살려면 연기와 독성이 적은 새로운 심미적 대상을 찾아야 한다.

○

가정 내 나무 연소에서 발생하는 연기만 피해를 일으키는 것이 아니다. 여기에 산불도 가세했는데, 특히 인구 밀집 지역

근처에서 큰 문제가 되고 있다. 전체 화재 면적은 지난 20년간 전 세계적으로 감소했지만—대개는 (화재에 취약한) 사바나가 (화재에 취약하지 않은) 집약 농지로 전환되었기 때문이다—사람들과 생태계의 건강에 대한 산불의 위협은 갈수록 커지고 있다. 동남아시아에서 아마존까지, 캘리포니아에서 뉴사우스웨일스까지, 시베리아에서 아프리카까지 전 세계의 많은 숲이 지구 선사 시대의 가장 격렬했던 시기와 맞먹는 규모로 불타고 있다.

이런 산불이 인체 건강에 미치는 영향을 처음 절감한 것은 콜로라도의 기록적 산불을 지척에서 겪은 2020년이다. 그해에 4만여 헥타르 규모의 산불 네 건과 그보다 작은 산불 여러 건이 발생했는데, 이는 나머지 모든 해를 무색케 하는 규모였다. 일부 산불은 열기와 연기가 2만 미터까지 솟아올라 거대한 화재 적란운을 일으켰다. 연기와 구름이 어찌나 짙던지, 화창한 오후에 인근 산등성이에 서면 하늘의 북쪽 절반이 회색 소용돌이에 덮이고 아래쪽 땅은 밤처럼 어두웠다. 하늘은 몇 주간 그 모습이었으며, 연기와 그림자의 세기는 그날그날 바람이 얼마나 세게 부느냐에 따라 달라졌다. 우리 집은 몇 달간 타오른 산불의 연기 기둥에 종종 휩싸였는데, 연기 자욱한 술집처럼 매캐할 때가 있는가 하면 으스스한 진주황색이 감돌 때도 있었다. 이것은 짙은 연기가 흩어져 낮의 나머지 모든 색깔을 집어삼키고 남은 유일한 색깔이었다.

나는 연기가 되었다. 옷에서도 연기 냄새가 났다. 미세한 재가 집 안의 온 표면에 내려앉았다. 연기는 나의 감각 기관을 덮은 채 떠날 생각을 하지 않았다. 부비강이 매웠다. 입안에서는 미끌미끌한 쇠맛이 느껴졌다. 마치 매캐한 연무가 공기 중의 산소를 대체한 듯 들숨 하나하나가 부족하게 느껴졌다. 폐가 죄어드는 것을 느낄 수 있었다. 도무지 피할 수 없을 것만 같았다. 석 달 내내 실내에서 공기 청정기를 돌렸지만 나무 연기의 냄새와 맛, 체내 침투가 나를 공격했다.

연기의 감각적 고충을 악화하는 것은 무엇이 왜 타고 있는가에 대한 자각이다. 어느 날 오후에 산불이 수 제곱킬로미터를 집어삼키고 그 뒤로 몇 주간 계속 움직이며 연기를 피우면 숲의 동식물 중에는 살아남을 수 있는 것이 거의 없다. 가장 더운 지역에서는 산불이 휩쓸고 지나가면 광물질 토양만 남는다. 아름답고 다채로운 생태계는 간데없고 모래와 돌멩이가 전부다. 다른 지역에서는 나무들이 마지막 한 그루까지 숯덩이 그루터기가 되며 사이사이에는 말없는 하얀 재만이 깔린다. 불의 냄새를 맡는 것은 그동안 산을 걸으며 알게 되고 친근해진 동식물의 마지막—이젠 가스와 미세한 재 티끌의 구름으로 변해버린—잔해를 들이마시는 셈이었다. 비탄의 들숨이었다.

이 콜로라도 산불들이 점화된 원인은 번개, 차량 스파크, 담뱃불, 방화까지 다양했다. 하지만 근본 원인은 우리의 집단적 행동이었다. 산불은 지금까지의 수백 년에 비해 건조해지고 뜨거워졌다. 나무를 죽이는 나무좀은 열기 때문에 왕성하게 번식한다. 산비탈이 죽은 나무로 뒤덮인다. 이런 조건에서는 지난 몇십 년간 수백 헥타르만 태우고 말았을 불이 그 지역에서 인류 역사상 전대미문의 화마로 돌변한다. 하지만 산 동쪽에서는 차량에 의존하는 도시 근교가 뻗어 나가는 와중에 석유 및 가스 채굴이 왕성하게 벌어지고 있다. 겨울 첫눈에 마침내 산불이 꺼지면 연무는 화석 연료 채굴과 차량 중독 문화에 의한 매연으로 대체된다. 우리가 방화범이다. 연기 냄새를 맡으면서 우리 자신의 공모를 자각한다.

전 세계에서 최대 규모의 산불들로 인한 연기가 많은 나라를 덮는다. 2015년 동남아시아에서는 우림에서 화재가 발생한 탓에 4000만 명이 탁한 물처럼 짙은 연기 장막을 헤엄쳐야 했다. 직접적 경제 손실만 해도 150억 달러에 달했다.

지역을 불문하고 인체는 산불로 인해 고통을 겪는다. 단기적으로는, 화재가 지속되는 동안 천식, 기관지염, 호흡 곤란, 만성 폐쇄 폐 질환으로 인한 병원 방문이 일제히 증가한다. 캘리포니아에서는 대규모 산불 기간에 심장 발작과 뇌졸중이 급증

한다. 하지만 그 효과는 불이 타오르는 몇 주나 몇 달보다 훨씬 오래간다. 연기 입자가 몸속에 침투하기 때문에, 나무 연기를 오랫동안 들이마시면 심장과 혈관이 망가지고 유아가 사망하고 폐가 쪼그라든다. 2015년 동남아시아 산불로 인해 10만 명이 조기 사망했다.

○

지금은 연기로 사라지고 가스와 연무로 희미해진 숲은 한때 생명의 원천—물, 먹이, 1만 종의 동식물, 영혼, 보금자리, 위안—이었다. 우리는 우리의 미래였을 수도 있는 것을 불사르고 있다. 시커먼 연기가 우리의 영혼과 정신을 뒤덮었다.

인류의 조상이 승승장구한 것은 불을 다스리는 법을 익힌 덕분이다. 그들은 불꽃과 손잡는 법을 찾아내어 새로운 기술적·사회적 가능성을 열었다. 우리는 모두 그들의 영리한 솜씨를 물려받았다. 우리의 유전자조차 우리를 불의 존재에 적응시킨 불의 흔적을 간직하고 있다. 이제 우리는 통제권을 잃었다. 연기가 우리 몸속에서부터 우리에게 가르치듯. 우리가 만들어낸 이 새 시대, 불타는 숲의 연기 기둥이 세계 방방곡곡에 베일처럼 드리운 시대에 우리의 유전자, 생리, 문화는 온전한 삶을 찾지 못한 채 대처할 엄두도 내지 못하고 있다.

그렇다면 다음은 무엇일까?

나무 연기는 언제나 우리를 공동체로 불러 모아 인류의 가능성을 열었다. 우리의 먼 조상 호모 에렉투스에게 불은 인류 문명의 첫 징후를 밝혔다. 초기 호모 사피엔스에게 불은 기술적 진보와 상상력 풍부한 이야기의 중심이었다. 현대의 산불 위기 또한 우리를 공동체로 불러 모으고 우리에게 참신한 발상과 이야기를 요구하는지도 모른다. 하지만 그것은 이전의 어느 민족도 알지 못한 규모여야 한다. 우리를 불러 모으는 것은 모닥불이나 벽난로가 아니라 옛 숲 자체다. 활활 타며 죽어가는. 모이라. 상상하라. 행동하라.

12

올리브유

지중해 동부 연안의 언덕
탄생 연도: 기원전 6000년경

거룩함은 높은 곳에서 우리에게 내려오는 것이 아니다.
평화와 번영은 인간의 손에서만 탄생하는 것이 아니다.
삶에서의 좋음은 살아 있는 지구에서
생겨나는 향기이며 인간과 나무의 유익한 결합이 낳은 결과다.

나무의 대화에서 우리는 대개 엿듣는 쪽이다. 숲이나 집 안 화분의 초목 내음을 음미할 때 우리가 반응하는 대상은 우리를 겨냥한 화학적 신호가 아니라 식물이 서로와 또한 곤충을 비롯한 동물과 대화하는 수십 가지 향기 분자다. 나뭇잎은 날씨에 대해, 자신을 뜯어 먹는 곤충들의 현황에 대해 이야기를 나누며, 이 정보를 이용하여 생장과 방어를 조율한다. 뿌리도 향기 분자로 서로에게 신호를 보내어, 열악한 토양이 아니라 영양소가 많은 토양을 향해 생장점을 뻗는다. 화학 물질도 뿌리와 균류의 결합을 매개하는데, 그중 상당수가 향기 분자다. 쿰쿰하고 알싸하고 텁텁한 흙냄새는 어두운 땅속 토양 공동체에서 식물과 균류를 묶어주는 속삭임이다. 꽃은 꽃가루받이 곤충을 꾀도록 진화한 향기를 내뿜어 지나가는 곤충에게 손짓한다. 마찬가지로 과일도 색깔, 맛, 질감, 향으로 동물에게 신호를 보낸다. 아메리카 포포나무 열매에서는 커스터드와 배 냄새가 나는데, 여우와 코요테는 사족을 못 쓴다. 한편 유럽여우와 많은 설치류는 검은딸기와 산딸기의 냄새와 맛에 혹한다. 열대림에서는 조류, 박쥐, 영장류 할 것 없이 무화과 같은 열매를 코로 찾고 익었는지 판단한다. 식물은 동물에게 보내는 향기 신호를 능동적으로 조절하는데, 꽃이 피고 열매가 익으면 향기 분자를 생산하는 유전자를 켠다.

올리브나무는 욕구와 화학적 상호 연결의 그물망에 인간을 끌어들인다. 우리가 올리브나무와 맺는 감각적 관계는 여느 식물과 달리 엿듣기가 아니다. 올리브나무가 내보내는 향은 우리를 향한 것이다. 8000년 동안 올리브나무와 사람은 맞물린 삶을 살았다. 우리를 올리브나무와 맺어주는 것 중 하나는 올리브나무의 향기다.

갓 구운 바게트 한 쪽을 얕은 올리브유 접시에 담근다. 풋풋한 내음이 솟아오른다. 풀 향기와 갓 자른 아티초크 향기가 어우러졌다. 나는 파릇파릇한 초록의 감각에 흠뻑 젖는다. 봄철에 맡을 수 있는 재생의 내음이다. 타르트의 사과 향이 살짝 배어 있고 후추 향도 은은하게 감돈다. 이 향기는 나의 내면에서 만족감이 달아오를 것임을 약속하며 빵과 곡물을 산뜻하게 보완한다. 올리브유 냄새는 나의 코, 나의 생각, 내 몸의 말없는 욕구를 자극하여 내게 직접 말을 건다. 이것은 우연이 아니다. 진화는 나의 감각적 지식을 올리브나무의 유전체에 들어맞도록 깎았다. 우리가 돌보는 올리브나무는 우리의 감각을 가장 효과적으로 유혹하는 나무다. 우리는 맘에 드는 나무를 불에서 구하고 물을 대고 경쟁자를 없애주었다. 씨앗을 심고 가지를 접붙이고 후손인 어린나무를 보살폈다. 인간의 감각이 올리브나무 진화의 나침반이 되었다. 우리는 나무만 접붙인 것이 아니다. 농업과 선택 교배를 통해 우리의 코와 혀 또한 올리브나무의 DNA에 접붙었다.

지중해 사람들이 올리브나무와 운명을 같이하기 전에는 새들이 올리브나무의 열매를 퍼뜨리는 임무를 맡았다. 노래지빠귀와 검은머리휘파람새는 열매를 꾸역꾸역 먹고 나서 씨앗을 부모 나무로부터 멀리 실어 날랐다. 소화가 되지 않은 씨앗에게 새똥은 간편한 거름이었다. 사르데냐휘파람새와 꼬까울새 같은 소형 조류는 과육을 쪼아 먹다가 이따금 씨앗을 꿀꺽 삼켰

127
—
올리브유

다. 기름진 과육을 탐하여 올리브나무에 이끌린 새의 부리는 올리브나무의 배달부였다. 이것은 흔한 계약이다. 지중해 연안의 교목·관목 종의 절반이 새의 입맛과 식물의 생식을 이런 식으로 결합한다. 열대림에서는 목본 식물의 90퍼센트가 동물의 장을 거쳐 씨앗을 퍼뜨린다.

인간은 식도가 새들보다 넓으며 기름기를 더 좋아한다. 우리가 선호하는 것은 크고 기름진 열매를 맺는 나무다. 우리가 올리브나무를 선택 교배한 탓에 대부분의 올리브 열매는 새들이 먹기엔 너무 크다(노래지빠귀는 아직도 일부 올리브 열매를 통째로 삼킬 수 있지만). 올리브 과육은 전보다 말랑말랑한데, 이것은 안에 든 기름방울 때문에 과육의 세포 하나하나가 부풀었기 때문이다. 올리브 열매에서 짜낸 기름의 냄새는 기쁨과 만족을 약속하며 인간의 코를 사로잡는다. 우리는 기름진 열매 냄새에 속절없이 이끌린다. 우리의 신경계는 향기가 약속하는 만족감을 갈망하지만 새들은 올리브의 냄새 신호에 시큰둥하다. 오늘날 과수원에서 자라는 올리브나무는 새들이 아니라 우리의 갈망을 충족시켜준 것들이다.

부모가 자식을 남에게 의탁할 때처럼 나무들은 어떤 종을 불러들일지를 깐깐하게 고른다. 열매의 모양, 냄새, 색깔은 나무가 좋아하는 배달부의 감각적 특성에 맞춰져 있다. 열매의 모양은 동물의 심미안에 대한 나무의 대답이다. 열매의 붉은색은 새의 눈길을 끈다. 썩는 냄새는 청소동물 포유류를 불러들인다. 영장류는 새콤달콤한 향에 끌린다. 철새는 에너지가 풍부한 기름과 당을 갈구한다. 인간도 예외가 아니다. 우리와 운명을 같이하고 싶은 나무는 우리의 감각에 호소해야 한다. 빵을 올리브유 그릇에 담그거나 채소를 볶기 전에 냄비에 올리브유를 두르는 것은 오래된 감각적 관계의 실천이다.

○

마지막 빙기에 올리브나무는 지중해 일대의 좁은 피난처에서 목숨을 부지했다. 유전적 증거로 보건대 이 지역에는 지브롤터 해협, 에게해 연안 일부, 지중해 북동부 연안이 포함된다. 이 지역들은 올리브나무가 1000년의 겨울을 간신히 버틸 수 있을 만큼 따뜻했다. 기후가 온난해지자 올리브나무는 새들의 도움을 받아 자신의 은신처에서 나와 지중해 전역을 장악했다. 그로부터 얼마 지나지 않아 인류가 합류했다. 약 8000년 전에 (지금의) 시리아와 터키 국경 지대, (지금의) 요르단, 이스라엘, 요르단강 서안 지구 남부에서 사람들이 올리브 열매를 먹고 올리브나무를 가꾸기 시작했다. 이 추세는 지중해 전역으로 퍼져 나갔다. 오늘날 올리브나무의 유전자를 분석하면 선호 품종을 한 지역에서 다른 지역으로 옮기는 행위와 현지 변이의 작물화가 이 과정에 관여했음을 알 수 있다. 이를테면 지중해 서부 연안의 올리브나무는 현재 동부에서 자라는 나무가 아니라 아프리카 야생 올리브나무의 유전자 지문을 가지고 있다.

시간이 흐르면서 사람들은 올리브나무를 더욱 세심하게 보살폈다. 우리는 관개 수로와 다랑밭을 지었고, 땅을 벌목하고 갈았으며, 전정가위로 가지를 쳤고, 접붙이기와 옮겨심기에 통달했다. 인간의 감각을 사로잡은 나무들이 받은 보상은 지중해 분지 전역의 들판과 바위 언덕에 대한 지배권이었다.

인간도 두둑한 보상을 받았다. 올리브나무는 주기적으로 건기가 찾아오는 지대에서 어느 작물보다 많은 영양소를 공급한다. 두툼한 잎은 고온 건조한 바람을 맞으면서도 수분을 간직한다. 은빛 잔털은 과도한 햇빛을 반사한다. 뿌리는 갈라지고 땅속으로 파고들어 깊숙한 곳의 물을 찾아낸다.

올리브나무와 손잡은 덕에 이 지역의 인류 문명은 여름이 고온 건조하고 겨울이 한랭 다습한 기후를 오래도록 겪은 종(올리브나무)의 생산성에 편승할 수 있었다. 올리브나무가 없었다면

크노소스, 카르타고, 예루살렘, 아테네, 로마는 보잘것없는 촌락에 불과했을 것이다. 수천 년간 지중해 문화는 올리브나무와의 호혜적 관계를 토대로 삼았다.

올리브유는 지난 2000년간 간헐적으로 영국 제도를 비롯해 유럽 북부까지 운반되었다. 로마 시대 브리타니아에 흔하던 올리브유 항아리는 남유럽과의 교역이 활발했음을 보여준다. 런던 항의 18세기 기록에 따르면 일주일에 1만 리터의 올리브유가 수입되었다고 한다. 비턴 여사가 쓴 19세기 영국의 고전적 가정생활 지침서에서는 샐러드에 올리브유 첨가하는 법을 설명하면서 양파 피클의 "단지나 병에 최상의 올리브유를 한 테이블스푼 넣으"라고 권고한다. 여기서 보듯 영국 주부들은 올리브유를 이용했을 뿐 아니라 '최상'의 올리브유와 그저 그런 올리브유를 구별했다.

하지만 20세기 중엽이 되자 올리브유는 전문점에서만 구할 수 있게 되었으며 때로는 중상류층의 허영으로 조롱받았다. 남유럽에서 요리의 주재료로 쓰였음을 감안하면 이채로운 일이었다. 이제는 마치 로마 시대 브리타니아를 연상시키듯 영국의 모든 슈퍼마켓에 올리브유가 진열되어 있다.

올리브나무는 많은 작물 종이 살아남지 못하는 건조한 조건에서도 잘 자라지만 여름 가뭄을 비가 달래주면 수확량이 더 많

아진다. 인간은 금세 이 사실을 알게 되어 올리브나무에 유익하도록 물길을 새로 냈다. 물이 올리브나무에 직접 전달되도록 지형을 깎고 관개 수로를 건설하고 현대의 점적 관수 파이프와 노즐을 도입하는 등 인간은 기발한 방법으로 올리브나무에 물을 공급했다. 사람들이 나무와 맺은 생명의 유대 관계가 끊긴 것은 몇십 년 만의 가뭄이나 오랜 전쟁을 겪을 때뿐이었다. 이런 재난이 닥치면 인류 문명과 올리브나무 생육 둘 다 괴멸되었다.

다른 나무들도 우리의 코와 혀에 스스로를 옭아맸다. 감귤나무, 사과나무, 커피나무, 차나무, 빵나무, 대추야자나무, 개암나무, 브라질너트나무, 아몬드나무, 기름야자, 밤나무 말고도 수십 종이 있다. 하지만 올리브나무만큼 인간과 완벽하게 얽힌 나무는 없다(완전히 작물화된 카멜리아 시넨시스가 유일한 예외일 것이다). 지중해 전역에서 야생 올리브나무, 재자연화된 올리브나무, 작물 올리브나무의 경계가 흐릿해졌다. 이는 나무의 생식과 원예가 8000년간 뒤얽힌 결과다. 인류의 경작과 이에 의존하는 나무 사이에는 경계가 전혀 없다. 이 지역의 인간 사회를 떠받치는 것은 나무뿌리다. 종교, 예술, 문화는 이 사실을 기억한다.

유대교, 기독교, 이슬람교를 비롯한 모든 아브라함 종교에서는 올리브나무 가지나 올리브유가 생명과 빛을 상징한다. 올리브유의 끝없는 풍요는 예루살렘 성전의 기적과 빛의 축제 하누카를 이뤄낸 생태적 토대다. 예수는 그리스도, 즉 **크리스토스**(Χριστός)가 되었는데, 이것은 올리브유로 기름 부음을 받은 자를 뜻한다. 『꾸란』에 나오는 알라의 빛은 축복받은 올리브나무의 기름으로 밝힌 등잔과 같으며 "어떤 불도 건드리지 않을 때조차 그 기름은 빛을—빛 위에 빛을—발하다시피 한"다. 구약에서 멸망의 홍수가 물러간 뒤 노아에게 돌아온 비둘기의 입에는 올리브나무 새 잎사귀가 물려 있었다. 올리브나무가 자라는 곳에서는 생명이 살아갈 수 있다.

고대 그리스인과 로마인에게도 올리브나무는 신성한 나무였으며 올리브 가지와 기름은 결실과 풍요를 상징했다. 아테나 여신이 아테네인들에게 선사한 최초의 올리브나무는 그들에게 가장 큰 선물이었으며 이로 인해 그녀는 신들 중 으뜸이 되었다. 올림픽 우승자의 머리에는 올리브나무 관이 씌워졌다. 올리브나무 가지는 예나 지금이나 평화를 나타낸다.

이제는 이 이미지가 지중해 연안에서 문화적으로 퍼져 나가 올리브나무가 자라지 않았던 곳에서도 찾아볼 수 있다. 영국왕립조폐국에서 주조한 많은 금화에서는 브리타니아 여신이 올리브나무 가지를 손에 들고 있다. 미국의 1달러 지폐 뒷면에서는 독수리가 올리브나무 가지를 발톱으로 움켜쥐고 있으며 앞면에서는 열매 맺은 올리브나무 가지가 숫자를 감싸고 있다.

우리 현대인은 자신의 땅이 비옥함에 의존한다는 사실을 망각할지도 모르지만, 화폐는 번영의 뿌리가 무엇인지를 우리에게 상기시킨다. 많은 전통적 은행권과 주화에서 잎과 가지가 두드러지게 표현된 반면에 어떤 암호 화폐 상징물에도 나무나 식물이 쓰이지 않았다는 사실은 의미심장하다. 암호 화폐는 대부분 화석 연료를 대량으로 태워 '채굴'되고 있으며 나무 같은 생명체와는 어떤 호혜적 관계도 맺지 않는다.

올리브나무는 평화, 풍요, 거룩함의 비유나 상징에 머물지 않는다. 지중해 연안과 그 너머에서 올리브나무는 말 그대로 생명과 좋음의 기원이자 지지대다. 사람과 올리브나무 사이에 호혜적 관계—공생—가 없었다면 이 지역에서 인간의 삶은 훨씬 변변찮고 옹색했을 것이다.

올리브유 그릇에 고개를 숙여 맛난 향기를 들이마신다. 버터 향이 살짝 밴 허브 내음이 난다. 토마토 잎을 손가락으로 비볐을 때 확 퍼지는 향도 느껴진다. 이 감각이 나를 환영한 뒤에는 쓴 측백나무 내음이 찾아온다.

나는 올리브유 그릇 위에 감도는 천상의 내음 속에서 올리브나무의 메시지를 해독한다. 거룩함은 높은 곳에서 우리에게 내려오는 것이 아니다. 평화와 번영은 인간의 손에서만 탄생하는 것이 아니다. 삶에서의 좋음은 살아 있는 지구에서 생겨나는 향기이며 인간과 나무의 유익한 결합이 낳은 결과다.

13

책

전 세계 책방
탄생 연도: 기원전 2500년경부터 현재까지

"

우리는 생각을 글로 쓰고 공유하여 서로 연결되기 위해

인간을 넘어선 재료의 도움을 받는다.

처음에는 점토판이나 뼛조각이 있었다.

그다음 파피루스, 닥나무, 넝마가 쓰였다.

이제 우리에게 책을 내어주는 재료는 대부분 나무다.

내세에서 나무는 숨 쉬고 대화하는 유기체로서

공동체들을 소통하는 그물망으로 아우르며 생전의 일을 계속한다.

"

쇼핑 탐험을 마치고 난 뒤에 책방의 종이봉투에서 새 책을 꺼 낸다. 엄지손가락으로 책을 펼쳐 페이지 사이에 코를 박고 숨 을 들이마신다. 달짝지근한 냄새가 훅 밀려든다. 선명하고 알싸 한 향기에 나무의 희미한 내음이 스며 있다. 다시 페이지를 활 짝 벌려 코를 더 깊이 처박는다. 이곳은 향이 더 강렬하다. 신선 한 종이와 잉크의 따스함과 더불어 책등의 풀에서 시큼한 냄새 가 끼쳐든다. 나중에는 이 책에 들어 있는 말들이 내게 쾌감을 선사하겠지만 첫 즐거움은 후각적이다. 말의 쾌감은 집에서 느 끼기 위해 아껴둔다.

책방에서 책의 냄새를 맡으면 일탈이나 삐딱함이 살짝 느껴진다. 사적 쾌감이 공공연히 노출되었달까. 뭐 어떤가. 어차피 냄새는 맡게 될 테니까. 이따금 큰판 미술책의 사진들이 알싸한 냄새를 은밀히 풍기기도 하고 얇은 종잇장의 두꺼운 사전이 잉크의 화학적 냄새를 내뿜기도 한다.

어릴 적에는 어떤 책이든 읽기 전에 냄새부터 맡았다. 이 습관을 통해 나는 냄새에 의한 책의 비공식적 서열을 정했다. 목록 맨 아래에는 코팅지로 만든 매끈매끈한 교과서가 있었다. 나는 책벌레여서 책의 글을 음미했지만 페이지에는 정유 공장과 표백제의 냄새가 뒤섞여 있었다. 이 냄새의 원인은 책장에 광택을 입히기 위한 인공 화학 물질—폴리에틸렌이나 수지, 합성 고무와 광물의 혼합물—과 책장을 백자만큼 하얗게 표백한 염소였다. 이 막연히 유독한 냄새들은 내가 숙제하는 동안 후각적 탐구를 확장하도록 유혹하지 않았지만 그 공업적 기이함은 그럼에도 매혹적이었다. 재채기를 일으키는 퀴퀴하고 쿰쿰한 책들은 그 때문에 목록 맨 아래에 놓였지만, 푹 삭은 책에서 예상되는 냄새는 변태적 매력을 풍겼다. 이 눅눅하고 불운한 책들은 자신의 후각적 성격을 잃고 균계(菌界)에 굴복했다.

책의 후각적 즐거움 척도에서 다음 순서는 새 페이퍼백이었다. 이 책들에서는 명료하고 단순한 냄새가 났다. 신선한 종이의 깨끗한 내음을 배경으로 갓 톱질하여 말린 소나무의 냄새가 은은하게 깔리고 알싸한 잉크 향이 생기를 더했다. 목록의 더 위에는 두껍고 손가락을 즐겁게 하는 종이에 인쇄된 하드커버나 페이퍼백처럼 더 비싼 책들이 있었다. 이 책들의 내음은 값싼 페이퍼백과 같지만 더 복잡하고 진했다. 가죽, 커피, 연기에다 심지어 달걀노른자나 거름의 기미마저 배어 있었다. 하드커버는 저마다 다른 특징이 있었기에 책을 펼치는 행위는 놀라움을 약속했다.

책 향기의 서열 맨 위에는 매우 오래된 책, 특히 따뜻하고 건조한 도서관에 고이 꽂혀 있던 책들이 있었다. 우리 집에는 이런 책이 별로 없었기에 나는 조부모의 서가에 꽂힌 책의 냄새를 맡고 싶었다. 훗날 대학에 갔을 때는 도서관에서 신간 사이사이에 놓인 구간들을 눈여겨보았다. 걸음을 멈추고 오래된 책을 뽑아내어 책장을 펼친 다음 고개를 숙여 숨을 들이마셨다. 훈연한 바닐라 향. 진하고 풍성한 흙의 은은한 내음. 톱밥, 아몬드, 초콜릿. 이것들은 마음을 차분하게 가라앉히는 감각이었다. 마치 책이 일상의 소란으로부터 나를 건져내어 더 깊은 시간과 더 넓고 편안한 관점으로 인도하는 것 같았다.

성인이 되어도 이 서열은 변하지 않았지만 몇 가지 추가된 것이 있다. 오래된 페이퍼백은 예측할 수 없기에 언제나 흥미롭다. 당신도 몇 권에 코를 대보라. 내가 좋아하는 장소 중 한 곳은 워털루 다리 아래에 있는 사우스뱅크 야외 책 장터다. 테이블 위에 수천 권의 책이 놓여 있는 그곳은 독자와 (다양한 향을 찾아다니는 서향(書香) 감식가를 위한) 엠포리온(본디 그리스의 무역 거점_옮긴이)이다. 몇몇 오래된 페이퍼백의 바닐라 향은 대형 도서관의 어느 웅장한 책 못지않게 풍성하다. 하지만 아마도 리그닌 함량이 낮은 종이로 만들었을 다른 책들은 식초 뿌린 송판처럼 시큼하기만 하다.

이에 반해 도심 책방에 진열된 신간 페이퍼백들은 예전보다 나무 냄새가 덜 나는데, 이것은 제지 기술이 발전하여 표백의 효율성이 커지고 리그닌이 분해되고 그 밖의 달갑잖은 분자가 제거되는 한편 종이의 인쇄 적성(印刷適性)과 지면 품질이 개선된 덕이다. 요즘은 교실에서든 사무실에서든 코팅지의 불쾌한 냄새가 줄었다. 이것은 냄새가 덜한 열가소성 수지를 코팅 소재로 쓴 덕분이다.

또 하나 사라진 것은 구식 복사기로 뽑은 수업 유인물의 달짝지근한 냄새다. 자주색 잉크로 인쇄한 종이는 잉크를 달라붙게 하려고 쓴 염화불화탄소와 알코올의 강렬한 향을 학생들에게 내뿜었다. 오늘날 책 인쇄기는 대부분 석유나 고무가 아니라 콩에서 뽑은 잉크를 쓴다. 이것은 1980년대에 유해 가스 배출을

줄이려고 개발된 혁신적 기술이다.

내가 성인이 되고서 책 향기에 대한 경험이 달라진 데는 차와 커피를 마시게 된 탓도 있다. 어릴 적에는 카페인이 함유된 뜨거운 음료를 하루 종일 홀짝거리지 않았으므로 그 향기와 직접적 관계를 맺지 않았다. 하지만 이제는 오래된 책의 냄새를 맡으면 커피숍과 찻집이 떠오른다. 이 연상은 우연이 아니다. 커피와 홍차(그리고 초콜릿)는 부분적으로 리그닌과 섬유소를 건조하거나 발효하거나 가열하여 제조되며 종이의 노화에 얽힌 화학적 과정의 일부를 똑같이 겪는다. 오래된 책은 화학자의 관점에서 보자면 아주아주 오래 우린 차나 고급 다크 초콜릿과 비슷하다.

마야 앤절로는 어릴 적 도서관에 가서 "세상을 호흡했"다고 썼다. 이 경이로운 자유의 호흡은 이야기를 통해 찾아왔다. 이것은 어느 독자에게나 마찬가지다. 다른 시간과 장소로부터 잉크와 종이를 타고 우리에게 찾아오는 글을 읽으면 우리의 마음은 그곳으로 실려 간다. 우리는 책의 물리적·생태적 뿌리에 연결되는 잉크와 종이의 향기 자체를 통해서도 세상을 호흡한다.

○

도서관에는 저마다 독특한 냄새가 있다. 많은 도서관의 로

비와 열람실을 지배하는 것은 (모든 사람이 인터넷을 이용할 수 있도록 한다는 목표를 표방하는 기관에 걸맞게) 양탄자 냄새와 공용 컴퓨터의 냄새, 뜨거운 플라스틱과 전자 기기의 얼얼한 냄새다. 어릴 적 런던시의 도서관들을 방문하여 도서관 특유의 양탄자, 컴퓨터, 책 냄새에 마음이 편안해진 기억이 난다. 다른 도서관, 특히 오래된 대학교의 목조 패널 열람실에서는 목재 광택제 냄새가 나고 연속간행물실에서는 갓 나온 신문의 냄새가 난다. 뒤쪽 서가를 지배하는 것은 책들의 따스한 향기다. 이곳엔 먼지 한 점, 곰팡이 한 톨 없다. 보살핌을 받으며 서서히 주변에 숨을 내뿜는 수백 매의 종이뿐.

향기가 가장 쾌적한 곳은 가장 오래된 책들이 놓인 장소다. 이곳의 종이들은 한 세기도 더 전에 기록된 글을 담고 있다. 이 고귀한 장서들은 은은하게 달짝지근하고 꽃향기에 가까운 냄새를 배경으로 아몬드, 바닐라, 가죽의 향기로 공기를 데운다. 환영과 휴식의 내음. 도서관의 다른 장소에서도 독특한 냄새가 난다. 페이퍼백 소설이 소장된 곳에서는 날카로운 톱밥 냄새가 나며 낡고 매끈거리는 정기 간행물이 보관된 서가에서는 과일과 엔진 오일의 냄새가 뒤섞인 신기한 냄새가 난다.

도서관의 다채로운 냄새는 우리가 '종이'라고 부르는 것에 여러 성분이 다면적으로 조합되어 있음을 보여준다. 과거의 제지 공정은 목재 펄프에서 리그닌—목재의 내부 구조를 떠받치는 분자—을 완전히 제거하지 못했으며 종이 펄프의 산도를 낮출 수도 없었다. 따라서 19세기의 종이는 빠르게 노후화하여 금세 누레지고 퍼석거린다. 오래된 종이에서는 독특한 냄새도 나는데, 이것은 독특한 화학 작용의 산물이다. 산소가 리그닌 내부의 화학 결합을 끊으면 향이 공중으로 발산한다. 나무와 종이에 가장 많이 들어 있는 분자인 섬유소도 마찬가지여서, 오래된 종이의 산성 환경에서 빠르게 분해된다. 이 오래된 책들에서 방출되는 향의 원인으로는 아몬드 비슷한 푸르푸랄, 달짝지근한 톨루엔, 따끔따끔한 포름알데히드, 바닐라 비슷한 몇 가지 분자가 있다. 이와 더불어 수십 가지 분자가 흙냄새나 땀내, 연기 냄새를 은은히 곁들인다. 이에 반해 최근 책들로 가득한 서가들을 지배하는 것은 코팅하지 않은 페이퍼백 중성지의 나무 냄새나 코팅지의 찌릿한 합성 접착제, 코팅, 잉크 냄새다.

페이지 속 이야기들과 마찬가지로 책의 향기는 여러 겹이다. 오래됐든 새롭든 어느 책도 분자 하나가 냄새를 좌우하지는 않는다. 책의 후각적 부케는 모두 여러 겹을 가진 혼합물로서 복잡한 감각 경험으로 우리를 초대한다. 페이지에 고개를 숙여 냄새를 들이마시기만 하면 된다. 이 향들은 종이로서의 책이 서서히 기체로 분해되고 있음을 보여준다. 몇몇 기체는 분해 과정을 앞당기기도 한다. 아세트산이나 포름알데히드 같은 산성 기체는 다른 책에 스며들어 종이의 화학적 분해를 촉진한다. 오래된 책의 은은한 향은 해롭지 않지만, 환기가 안 되는 서고는—고서를 유쾌하게 떠올리게 하면서—자신이 담당한 물건의 노화를 가속화한다.

우리를 오래된 책의 향기에 잠기게 하는 것은 도서관만이 아니다. 헌책방은 도서관의 고문서 서고 못지않게 풍성하다. 헌책방 주인이 적절한 분위기를 조성하려고 들여놓은 목재와 가죽 가구도 여기에 일조한다. 최신 헌책을 거래하는 헌책방은 더 다채롭다. 어떤 헌책방에서는 코를 간질이는 먼지와 아릿한 곰팡내가 일부 책이 지하실과 다락에서 이곳으로 왔음을 암시한다. 여기는 버림받은 책들이 새 보금자리를 찾아가기 위해 모여 있는 곳이다. 또 어떤 헌책방에서는 저질 종이로 만들어져 분해 과정의 첫 단계를 밟고 있는 페이퍼백 수천 권이 내뿜는 냄새들이 어우러진다. 오래된 송판과 마지팬(으깬 아몬드나 아몬드 반죽, 설탕, 달걀 흰자로 만든 말랑말랑한 과자_옮긴이)의 냄새가 섞인 가운데 마른 진흙 같은 흙냄새가 배어 있다.

일본에서는 헌책을 파는 상점들의 냄새가 공식 인정을 받았다. 도쿄 간다구에 있는 헌책방들의 냄새는 해조류 가게, 오래 묵은 숲, 매화꽃, 김치와 장어 같은 음식의 냄새와 더불어 '환경성 선정 향기로운 풍경 100선'으로 꼽혔다. 영국도 일본을 본받아 런던 사우스뱅크 책 장터와 영국도서관을 비롯한 책 향기 명소들을 국가적으로 등록해야 하지 않을까?

영국의 양초 제조사 크래프터베이터와 오리건주 포틀랜드의 파월스 서점은 책의 향기 경험을 병에 담으려고 시도했다. '빈티지 서점 향 오일'에서는 "나무 냄새 나는 시프르 … 가죽, 베르가모트유, 녹색 잎, 따스한 시트러스 향"이 난다. 파월스는 '유니섹스 향'으로 "책의 미로, 비밀의 도서관, 고대의 두루마리, 철왕(哲王)이 마시는 코냑"을 불러일으키고 어쩌면 아이러니의 정신을 담아내겠다고도 약속한다. 병에 든 나의 '오 드 책방'을 손목에 뿌리자 책방의 가죽 느낌 바닐라 향이 풍기는가 싶더니 헌책 소설을 쌓은 위에 올려둔 꽃 포푸리 그릇 같은 향기가 공간을 채운다. 이 혁신적 발상을 보니 모든 책방이 독자적 향수를 팔아야 한다는 생각이 든다. 책꽂이를 뒤적이는 기쁨을 — 아무리 불완전할지언정 — 떠올리게 하기 때문이다. 파월스의 향수가 발매되자마자 매진된 것으로 보건대 이 제품들은 매출에도 한몫하여 책방 운영에 보탬이 되었을 것이다. '오 드 택배 상자'가 익명의 온라인 소매 업체에도 같은 효과를 가져다줄지는 미지수이지만.

우리의 읽기 습관은 미래 세대에게 어떤 향을 물려줄까? 저 (低)리그닌 중성지는 앞선 종이들보다 훨씬 오래가지만—별다른 손상 없이 몇백 년은 유지될 것이다—이런 화학적 안정성의 대가로 지금의 오래된 책들 같은 향기를 지니지는 못할 것이다. 전자책 단말기와 태블릿은 기껏해야 몇십 년밖에 못 가며, 박물관에 소장된 몇 점을 제외하면 우리 문명이 배출하는 전자 기기 쓰레기 더미에 파묻힐 것이다. 단지 그윽한 향을 들이마시겠다고 책꽂이에서 낡은 전자책 단말기를 꺼내는 사람은 아무도 없을 것이다. 이 기기들의 부품들은 노후하여 가소제, 땜납, 기판의 퀴퀴하거나 매캐한 악취만 풍길 것이다.

더 극적이고 비극적인 또 다른 미래도 가능하다. 그것은 불이다. 1986년에 한 방화범이 로스앤젤레스 중앙도서관 서가에 불을 질렀다. 40만 권이 불탔다. 화재는 소방관 300여 명을 일곱 시간 동안 투입하고서야 겨우 진화할 수 있었다. 불의 심장부에서는 종이를 땔감 삼은 불이 하도 뜨거워서 불꽃이 투명하게 타올랐다. 주변부에서는 소방관들이 시커먼 그을음 연기, 불완전 연소한 종이 부스러기, 책 표지, 책꽂이와 가구와 사투를 벌였다. 밖에서는 몇 블록 떨어진 시내 인도에서도 그을린 종이 냄새가 났다. 건물 밖에서 이 광경을 비통하게 지켜보던 사서들은 저술가 수전 올리언에게 불탄 책의 조각들이 하늘에서 내려오는 동안 녹은 마이크로필름의 '시럽 같은' 냄새와 '비통과 재'의 냄새가 났다고 회상했다. 로스앤젤레스 화재는 도서관 화재의 오래고 불행한 역사에서 가장 규모가 크고 가장 극적인 사례였다.

율리우스 카이사르는 전쟁 중에 고대 알렉산드리아와 그곳 도서관을 불태웠다. 1981년 싱할라족 불교 극단주의자들이 자프나공공도서관에 불을 질러 타밀어 힌두교 경전 유일본들을 비롯한 10만여 권의 책을 불살랐다. 화재 이외의 사고들도 도서관에 피해를 입혔다. 1731년 난로에서 시작된 화재가 걷잡을 수 없이 번져 로버트 코튼 경의 도서관을 태웠을 때 영국의 책과 필사본 중에서 역사적으로 가장 중요한 것으로 손꼽히는 마그나 카르타, 린디스판 복음서, 베오울프, 왕실 문서 등이 심하게 훼손되었다. 시커먼 잔재는 영국박물관의 대표 소장품 중 하나가 되었다. 1994년 노리치중앙도서관에서 전기 관련 문제로 화재가 발생했을 때는 10만 권의 장서가 소실되었다. 2014년 글래스고 미술대학 매킨토시도서관에서 벌어진 화재는 책뿐 아니라 실내를 짓는 데 쓰인 오래된 대왕소나무와 백합나무까지 불살랐다. 이곳은 저명한 건축가 찰스 레니 매킨토시의 가장 유명한 건물이었다. 불타는 책과 목재의 연기는—애석하긴 하지만—도서관의 어엿한 냄새 중 하나다.

책이 불탄 또 다른 사례들은 특정한 민족이나 이념에 대한 증오의 표현이다. 반유대주의자들은 수 세기 동안 유럽에서 유대교 경전을 불태웠으며 나치는 이 만행을 국가 정책으로 추진했다. 콘스탄티누스는 이단 문서를 불태우라고 명령했는데, 시대를 초월한 종교적·정치적 광신자들도 예외가 아니었다. 인간이 파피루스와 종이에 쓰는 법을 알아낸 뒤로 책과 두루마리는 늘 불태워졌다. 이런 말살의 폭력에는 여러 형태가 있으며 어김없이 인류의 사상을 잿더미로 만든다.

저자들도 불의 직접적 힘과 상징적 힘을 동원하여 자신의 작품에 불꽃을 들이댔다. 프란츠 카프카에서 제라드 맨리 홉킨스, 에밀리 디킨슨에 이르기까지 연기는 글을 증기로 탈바꿈시켰다. 난방용 화목 난로가 있는 집에 살 때, 나는 책의 초고를 불태우는 행위의 불가역적 성격에 만족감을 느꼈다. 빠르고 밝은 불꽃과 매캐한 연기는 가망 없을 정도로 지리멸렬한 글로 가득한 페이지들에 (코를 얼얼하게 하는) 짧은 삶을 부여한 뒤에 영원히 없애버렸다.

그렇다면 불타는 종이의 내음은 언어의 덧없음을 일깨운다. 글이 발명되기 전에는 모든 말이 허공에서, 숨 위에서 살았다.

종이 연기는 근원으로의 복귀이며, 때로는 자의에 의해, 대개는 억압의 행위로서 이루어진다.

페이퍼백 신간이든, 고서이든, 불타는 필사본이든 책의 냄새는 책의 물질성을, 쓰기와 읽기의 감각적 성격을 이야기한다. 우리는 생각을 글로 쓰고 공유하여 서로 연결되기 위해 인간을 넘어선 재료의 도움을 받는다. 처음에는 점토판이나 뼛조각이 있었다. 그다음 파피루스, 닥나무, 넝마가 쓰였다. 이제 우리에게 책을 내어주는 재료는 대부분 나무다. 내세에서 나무는 숨 쉬고 대화하는 유기체로서 공동체들을 소통하는 그물망으로 아우르며 생전의 일을 계속한다. 숲에서는, 식물, 균류, 동물, 미생물을 아우르는 생물들의 대화를 위한 생명의 중추 역할을 한다. 책에서는, 펄프가 되고 가공되어 인간에게 똑같은 일을 해주는데, 우리가 문화라고 부르는 다양하고 유익한 그물망으로 우리를 묶는다. 책의 내음이 상기시키듯 이 문화가 가능한 것은 오로지 우리가 인간 아닌 존재들과 관계를 맺었기 때문이다.

책을 펼친다. 냄새를 맡는다. 문학은 나무, 제지 공장, 잉크 안료와의 연결을 토대로 삼는다. **우리는 세상을 호흡한다.**

나무의 내음: 여섯 가지 실천 방법

향은 나무의 으뜸 언어다. 나무는 분자로 이야기하며 서로 공모하고 균류를 유혹하고 곤충을 퇴치하고 미생물에게 속삭인다. 향은 우리의 원초적 언어이기도 하다. 기억과 감정에 직접 연결되는 고리이며, 최초의 동물 세포를 떠받친 소통망의 유산이다. 우리의 콧길에 있는 수천만 개의 수용체는 귀를 쫑긋 세우고 있으며 향기 분자 조합들의 미세한 차이를 분간할 수 있다. 영어는 이 다양성을 담기에 미흡하지만 몸은 어떻게 반응해야 할지 안다. 하지만 코는 우리의 도움이 필요하다. 속도를 늦추고 숨을 들이마시고 냄새를 곱씹는 의식적 노력을 기울이면 감각 인식이 깨어나 꽃핀다.

나는 어릴 적에 오만 냄새를 맡고 다녔다. 갓 인쇄된 신문의 페이지 사이에, 부엌의 양념통 속에, 수산물 시장과 치즈장수가 파는 식료품 위에, 스토브 위 냄비에서 올라오는 김 속에, 정원의 나뭇잎들 사이에 코를 들이밀었다. 하지만 나중에 나이를 먹고서는 이런 식으로 주의를 기울이는 법을 잊어버렸다. 눈과 귀가 자칭 우위를 점했다. 우리 문화도 대부분 마찬가지다. 건축의 목표는 눈을 즐겁게 하는 것이다. 음악은 귀를 즐겁게 한다. 인터넷은 시각과 청각을 제외한 모든 감각을 오만하게 배제함으로써 이러한 편견을 부추긴다. 걸음을 멈춰 냄새를 맡는 것은 우리 인간성의 일부를 되찾는 일이며 우리 몸속으로 돌아가 주변의 생명들과 연결되는 일이다. 즐거운 일이기도 하다.

콜로라도산맥에서 자라는 폰데로사소나무의 풍성하고 다층적인 향은 나를 어릴 적 습관으로 이끌었다. 나는 가지 밑에 앉아 향기, 특히 다양한 나무 내음의 즐거움과 코를 따라 들어오는 유쾌한 호기심을 다시 떠올렸다. 폰데로사소나무의 다층적 향기에 주의를 기울이다 보니 나무의 일부가 내 속에 흘러들어 내 몸속에 자신의 이야기를 내려놓았다. 그 뒤로 나무 내음은 나의 스승이자 길잡이였다.

나무 하나하나는 말없는 감각 경험을 우리에게 선사한다. 그것은 인체와 의식을 식물의 내면 세계와 하나로 묶는 연결이다. 이 만남은 그 자체로 충분한 보답이다. 하지만 나무의 특정한 향에도 과거와 현재의 이야기가 담겨 있다. 우리의 인간 심미적 경험은 나무의 역사, 생태, 인류 문화와의 연결을 이해하는 관문이다.

나무 내음을 맡으려면 콧구멍 속으로 숨을 깊이 들이마신 뒤에 휴식을 취했다가 코를 짧게 킁킁거려보라. 이렇듯, 느리게 어루만지기와 격렬히 내달리기라는 두 가지 방법을 쓰면 향기 분자가 감각 세포에 닿는 속도가 달라진다. 둘의 조합은 다양한 후각적 경험을 열어준다. 아래 초대는 나무 내음에 더 민감해지고 나무 소믈리에가 되는 방법이다. 당신도 나름의 방법을 찾아 나누길 권한다.

첫 번째 초대: 집에서

집에 있는 나무들의 면면에 코가 친숙해지도록 하라. 찻잔을 들어올려 코에 대보라. 카멜리아 잎이 동아시아의 산들을 떠올리게 한다. 야생 카멜리아 시넨시스는 4000여 년 전을 시작으로 적어도 세 번—중국에서 두 번, 인도에서 한 번—독자적으로 작물화되었다. 내 찻잔에서 나는 향에는 오랜 뿌리가 있다. 이것은 수천 년에 걸친 선택 교배의 유산이다. 커피는 더 최근인 1500년 전으로 거슬러 올라가며, 에티오피아 남서부 고지대, 수단의 보마 고원, 케냐의 마르사비트산에서 처음 작물화되었다.

오렌지 껍질에 엄지손가락을 대고 눌러보라. 싸한 기름은 배고픈 곤충을 막는 억제제로, 본디 히말라야산맥 자락에서 왔다. 계피 병의 뚜껑을 열라. 끝을 잘라낸 나무에서 이 껍질을 벗겨낸 손은 누구의 것일까? 당신의 집에서 살고 있는 또 다른 내음으로는 무엇이 있을까? 대추야자와 올리브. 연필밥. 아몬드 밀크. 가구의 나무 내음은 니스에 묻혔다. 꿀 내음은 나무의 꽃꿀과 꽃가루에 대한 후각적 기억이다. 진. 단풍나무 시럽. 냄새를 들이마시며 우리가 숲속에서 살고 있음을 명심하라. 비록 이 진실이 우리 눈에는 보이지 않을지라도.

두 번째 초대: 동네를 걸으며

집 주변 나무들이 향기로 무엇을 표현하는지 찾아보라. 손의 도움을 받으라. 나뭇잎과 바늘잎을 손끝에서 굴려보라. 종마다 어떤 성격과 기질을 가지고 있는가? 뾰족뾰족한가, 무성한가? 풀을 떠올리게 하는가, 해조류나 양념을 떠올리게 하는가? 나무 껍질에 손을 올리고 촉감을 느낀 다음 얼굴을 가까이 대보라. 살살 문질러보라. 나무 표면의 틈새에 어떤 내음이 남아 있는가? 나무는 자신의 내적 드라마를 세상에 선포하는가, 아니면 자신의 성격을 꽁꽁 숨기며 가지치기 상처나 곤충이 뚫은 구멍으로만 냄새를 드러내는가? 바람이 불 때 나무의 기척이 냄새로 느껴지는가? 바람을 등지고 선 나무들은 자신의 향기를 하늘로 올려보내어 구름의 씨앗이 되고 공기를 향기롭게 한다. 바람을 향해 서서 나무의 숨결을 찾으라. 비가 내리면 빗방울 하나하나가 티끌 주위의 응결 작용에 의해 탄생했음을 기억하라. 이것은 종종 나무의 향기 분자가 뭉친 덩어리다. 비가 올 때면 공원이나 숲, 가로수 쪽으로 가라. 숨을 들이마시며 빗방울에 의해 깨어나 솟아오른 향을 흡수하라.

세 번째 초대: 서재에서

첫째, 자신이 어떤 방법으로 책의 냄새를 맡는지 생각해보라. 비결은 냄새를 콧구멍 속으로 빨아들일 때까지 책을 가만히 내버려두는 것이다. 책등 위쪽을 잡아당겨 책장이 벌어지지 않도록 책을 책꽂이에서 조심스럽게 끄집어내라. 그런 다음 책장을 펼쳐 코를 박고서 페이지의 상쾌한 향기를 들이마시라. 이 다이빙 기법이 너무 단도직입적으로 느껴진다면 코를 가까이 댄 채 페이지를 휘리릭 넘겨보라. 종잇장이 공기와 부딪히면서 향기로운 산들바람이 일어난다. 개가 자동차 창밖으로 몸을 내밀고 기쁨을 발산하듯 우리의 콧길은 감각의 쇄도를 한껏 받아들인다. 책 여러 권에 코를 대보라. 책마다 잉크와 섬유의 어떤 조합이 감지되는가? 이 감각들은 책의 산지와 나이에 대해 무엇을 귀띔하는가? 당신이 간직하고 있는 잡지와 편지를 비롯하여 여러 종류의 책을 꺼내어 향에 따라 분류해보라. 어떤 향이 맘에 드는가? 책의 후각적 특징을 고려한다면 출판사에 무엇을 권고하겠는가?

네 번째 초대: 시간과 공간을 뛰어넘는 향기

우리는 나무를 기준으로 스스로의 위치를 파악한다. 지금은 무슨 계절이지? 나뭇잎과 수액과 새싹이 답을 내놓는다. 우리는 어디에 있지? 밖에서 자라는 종들이 알려준다. 언덕 위로 보이는 단풍나무, 교회 앞마당의 주목, 공원에서 자주색 꽃을 피운 자카란다, 생울타리의 산사나무와 개암나무, 길가의 어린 버즘나무, 집 뒤의 굵은 참나무를 보라. 종마다 서식처와 장소가 다르며, 이따금 조경업자들에 의해 서식처가 확대되기도 한다. 자신의 코를 이 장소 찾기에 초대하라. 계절과 지형을 가로지르면서 당신의 피를 나무의 메시지와 연결하라. 걸음을 멈추고 나무에 다가가 향기를 빨아들이라. 나무 내음의 계절 달력을 만들어보라. 달마다 대표적인 나무 내음은 무엇인가? 여행하면서 나무가 알려주는 것을 기록하라. 봄철 수액은 나뭇잎보다 먼저 깨어나는가? 산의 나무들은 저지대의 사촌들과 다른 특징을 가졌는가? 늦여름 가뭄이 들어 가로수의 생존을 위협할 때 잎과 껍질에서는 어떤 냄새가 나는가? 당신은 어떻게 도울 수 있겠는가? 봄철 공원의 비 내음은 가을 소나기와 다른가? 우리를 기다리는 향기의 리듬과 지도는 땅에 대한 나무의 언어다.

다섯 번째 초대: 당신의 뿌리

나무뿌리와 인류 문화는 서로 얽혀 있다. 나무는 기원과 의미와 생명에 대한 우리 이야기의 알맹이다. 북유럽의 아홉 세계를 연결하는 물푸레나무 이그드라실. 아브라함 종교의 올리브나무. 부처의 보리수나무. 봄의 매화와 벚꽃. 동지의 젓나무 가지. 열대림의 우람한 케이폭나무. 나무들은 이 이야기들 속에 비유로만 머무는 것이 아니라 인간의 삶이 다른 존재들과 늘 관계를 맺고 있음을 상기시킨다. 나무와의 감각적 연결은 우리 내면에서 이 교훈을 가르친다. 당신 가족과 문화의 이야기에는 어떤 나무가 깃들어 있는가? 이야기를 찾아 이 나무들에 대한 물리적 경험을 찾으라. 이 이야기들을 삶의 경험에 들여오라. 끌어안고 들이마시고 응시하고 귀를 기울이라. 자신의 뿌리를 음미한 뒤에 의미를 끄집어내라. 당신의 이야기와 제의에서는 감각적 생태와 문화의 어떤 수렴을 찬미하는가? 오늘에 알맞은 연결을 찬미하기 위해 이 오래된 제의에 어떤 새로운 제의를 접붙일 수 있겠는가?

여섯 번째 초대: 남들에게 말하기

부엌이나 길거리, 부엌의 나무 내음 중 무엇을 자녀와 친구에게 건넬 수 있겠는가? 우리가 이 감각적 경험과 더불어 말하는 이야기는 길잡이 역할을 하는 기억들을 엮어낸다. 그 어떤 감각도 의미와 감정에 대한 우리의 이해 속으로 이보다 더 빠르고 깊이 파고들지 못한다. 나무 내음과 인간 감정이 어우러지는 순간들을 만들어냄으로써 우리는 강렬한 기억을 지어내고 인간 세계와 인간 너머 세계를 엮어낸다. 산비탈에서 교사가 학생들에게 양토와 소나무 껍질의 냄새를 맡고 흙과 나무의 생명이 하나임을 깨달으라고 독려한다. 도시에서는 공원의 내음과 나무 없는 도로의 내음이 대비되면서 공기의 활력, 식물, 인간 폐에 대해 교훈을 가르친다. 스토브 앞에 선 아이는 식물과 사람 사이의 연결의 기쁨으로부터 음식의 기쁨이 생겨난다는 것을 배운다. 요리는 생명을 선사하는 만족스러운 관계 속에 생태와 문화가 깃들이게 하는 예술이다. 혼잡한 길모퉁이에서 우리는 가로수의 찰나적 꽃향기를 맡으며 숲이 어디서나 우리를 감싸고 있음을 깨닫는다. 친구와 가족에게 나무 내음을 들이마시라고 권하면서 어떤 이야기를 공유하겠는가?

다른 사람들을 이 감각적 쾌감에 초대함으로써 우리는 순간의 쾌감과 호기심을 나눌 뿐 아니라 귀중한 선물을 미래에 선사한다. 그것은 나무와 인간이 어떻게 묶여 있는가에 대한 기억이다. 어수선한 변화와 위기의 세상에서 오늘날의 이 감각적 인상들은 집단적 기억의 원재료다. 우리 다음에 오는 세대는 우리 시대를 직접적으로 기억하지 못할 것이다. 그들에게는 우리의 이야기가 필요하다. 관심을 기울이면 우리는 그들에게 들려줄 진짜 이야기, 알고리즘과 중개자에 의해 왜곡되지 않은 직접적이고 감각적인 관계를 토대로 삼는 이야기를 가질 수 있다.

숨을 들이마시라. 나무 내음을 음미하라. 궁리하라. 이야기를 나누라.

나무의 음악

데이비드 해스컬의 향기 에세이들은 코로나 사태가 일어나기 오래전에 구상되었지만, 이제 와서 보니 우리를 그토록 오래도록 가둔 벽 너머에서 무엇이 우리를 기다리고 있는지 상기시키는 풍성한 계기가 되었다. 디지털 자유의 납작한 사각형은 우리에게 근사한 콘텐츠를 선사했으며 연결을 맺는 경이로운 새 방법을 가르쳤지만, 우리의 몸은 더 많은 것을 갈망한다. 어떤 줌 영상도 손녀의 뺨이 우리 입술에 닿는 따스한 감촉이나 친구의 웃음이 울려퍼지는 소리를 전달하지 못하듯 어떤 디지털 기술도 숲속이나 도심 인도에서 우리를 기다리는 감각 경험을 대체하지 못한다.

데이비드로부터 자신의 향기 에세이에 곁들일 짧은 곡을 지어달라는 부탁을 받았을 때 나는 기뻤고 조금 겁이 났다. 평생 음악을 연주했지만 작곡은 언제나 벅찬 일이었다. 하지만 향기를 음과 리듬과 소리 질감으로 번역한다는 아이디어가 내 마음을 끌어당겼다.

나는 일생 동안 감각 경험을 예리하게 자각했다. 그 수단은 데이비드의 레이저처럼 날카로운 지각이나 세심한 관심이 아니라 모든 감각 형식의 입력을 흡수하고 조합하고 정돈하고 재조합하는 미친 과학자의 방식이었다(솔직히 과학보다는 연금술에 가깝겠지만). 내 경험은 종합의 경험이다. 소리는 내게 색깔로 경험되며 향기는 촉각에 가깝게 경험된다.

팬데믹 기간 동안 나는 모든 것을 받아들이는—거대한 감각의 덩어리들이 관심을 끌기 위해 다투다 결국 (세상을 끌어안는 나의 방식인) 반(半)감각적 패턴으로 정착하던—내 몸의 뒤죽박죽 방법을 쓸 수 없었다. 하지만 이 짧은 곡들은 내게 감각 재료를 가지고 놀 수 있는 공간을 허락했다. 나무와 관련된 나 자신의 경험, 환상적인 정서 환기력을 가진 데이비드의 글이 어우러져 감각들을 연결하는 도로 지도가 만들어졌으며 놀랍게도 이 작업은 대부분 금세 마무리되었다.

나는 평생 수천 시간에 걸쳐 단풍나무와 가문비나무, 흑단

나무와 자단나무를 바이올린이라는 형태로 끌어안은 채 지냈다. 니스와 송진의 냄새는 내게 상수였다. 귀 아래에서 느껴지는 나무의 공명은 내게 생기와 자기감각을 선사했다. 수십 년이나 수백 년 전에 벌목된 이 나무들은 내가 죽고 오랜 뒤에도 여전히 세상을 아름답게 할 것이다. 이 생각을 하면 언제나 미소가 떠오른다. 나무는 내게 중요한 존재다.

이 에세이에 등장하는 나무를 둘러싼 냄새들은 나무 스스로 만들어내는 것에서 인간이 만들어내어 경쟁하고 융합하는 것까지 다양하다. 이 다양성을 표현하기 위해서 나는 털이 아니라 나무 활대를 이용하는 콜 레뇨, 송진을 털에 문지르기, 현을 특이한 음높이로 조율하는 스코르다투라(변칙) 조율, 현을 뜯는 피치카토, 활을 브리지 가까이에서 연주하는 폰티첼로 등 여러 주법을 동원했다.

실제 가락을 언뜻 연상시키는 것도 있고(여름철 길거리 음식의 애호가라면 누구나 미국피나무 에세이의 곡을 알아차릴 것이다) 오래된 가락처럼 들리는 새 가락도 있다(오스트레일리아너도밤나무의 나이가 무엇처럼 들리는가?). 협화음과 불협화음은 편안함과 불편함을 주지만, 꼭 이 순서대로인 것은 아니다.

향기는 색색의 청각적 가능성으로 가득하다. 내 바람은 곡을 듣는 사람들에게 나무 내음을 듣는 한 가지 방법을 제시하면서 그 밖의 무한한 가능성으로 이어지는 문을 열어두는 것이다.

캐서린 리먼

이 책의 에세이 열세 편에 곁들인 바이올린 곡은 사운드클라우드(soundcloud.com/katherinelehman/albums)나 오디오북에서 들을 수 있다.

감사의 글

이 책은《이머전스 매거진》에 실린 에세이에 살을 붙인 것으로, 맨 처음 계기는 이매뉴얼 본 리와의 대화였다. 우리의 공동 작업이 여러모로 이 책을 비롯한 여러 아이디어의 촉매가 된 것에 대해 이매뉴얼에게 감사한다. 원래 에세이를 이 책으로 증보하도록 허락해준《이머전스 매거진》에 감사한다.

　나무 내음을 탐구하는 동안 열정적이고 창조적인 동반자가 되어준 캐서린 리먼에게 감사한다. 우리 부모 진 해스컬과 조지 해스컬은 이 책에 나오는 여러 이야기의 근사한 실마리를 풀어주었으며 내가 어릴 적에 여기저기 얼마나 코를 들이밀고 다녔는지 나보다 더 뚜렷이 기억했다. 수전 돌턴은 오래전 그녀의 집에서 내가 서양칠엽수 열매를 줍던 기억을 되새기게 도와주었으며 도널드 돌턴은 이 책에 언급된 장난감 기차를 만들어주었다. 조지프 보들리와 매리앤 틴들과의 대화는 나무 내음에 대한 새로운 통찰을 내게 선사했다.

스테퍼니 잭슨과 케이트 애덤스를 비롯한 옥토퍼스 출판사의 동료들과 함께 일한 것은 내게 즐거운 경험이었으며 그들은 인간 너머의 세계에 대한 글을 독자들에게 전달하는 방법을 놓고 참신한 아이디어를 제시했다. 마텔 에이전시의 저작권 대리인 앨리스 마텔은 나의 훌륭한 지지자이자 길잡이다. 귀한 도움을 베푼 마텔 에이전시의 스테퍼니 핀먼과 빼어난 작업을 해낸 애브너 스타인의 캐스피언 데니스와 샌디 바이올렛에게 감사한다.

나무 내음의 탐구에 함께해준 독자들에게도 감사한다. 당신의 코가 이끄는 대로, 우리 사촌인 나무의 도움을 받아 기쁨과 호기심과 경이로움을 만끽하시길.

Abel, E L, 'The gin epidemic: much ado about what?' in *Alcohol and Alcoholism* (2001), 36(5), 401–405

Achan, J, Talisuna, A O, Erhart, A, Yeka, A, Tibenderana, J K, Baliraine, F N, Rosenthal, P J & D'Alessandro, U, 'Quinine, an old anti-malarial drug in a modern world: role in the treatment of malaria' in *Malaria Journal* (2011), 10(1), 1–12

Alejo-Armijo, A, Altarejos, J & Salido, S, 'Phytochemicals and biological activities of laurel tree(*Laurus nobilis*)' in *Natural Product Communications* (2017), 12(5), 1934578X1701200519

Andela, N, Morton, D C, Giglio, L, Chen, Y, van der Werf, G R, Kasibhatla, P S, DeFries, R S, Collatz, G J, Hantson, S, Kloster, S, Bachelet, D, Forrest, M, Lasslop, G, Li, F, Mangeon, S, Melton, J R, Yue, C & Randerson, J T, 'A human-driven decline in global burned area' in *Science* (2017), 356(6345), 1356–1362

Atkinson, N, 'Ash dieback: one of the worst tree disease epidemics could kill 95% of UK's ash trees, in *The Conversation* (2019), https://theconversation.com/ash-dieback-one-of-the-worst-tree-diseaseepidemics-could-kill-95-of-uks-ash-trees-116567

Beaumont, P B, 'The edge: More on fire-making by about 1.7 million years ago at Wonderwerk Cave in South Africa' in *Current Anthropology* (2011), 52(4), 585–595

Bembibre, C, & Strlič, M, 'Smell of heritage: a framework for the identification, analysis and archival of historic odours' in *Heritage Science* (2017), 1–11

Berna, F, Goldberg, P, Horwitz, L K, Brink, J, Holt, S, Bamford, M & Chazan, M, 'Microstratigraphic evidence of in situ fire in the Acheulean strata of Wonderwerk Cave, Northern Cape province, South Africa' in *Proceedings of the National Academy of Sciences* (2012), 109(20), E1215–E1220

Besnard, G, Khadari, B, Navascués, M, Fernández-Mazuecos, M, El Bakkali, A, Arrigo, N, Baali-Cherif, D, Bronzini de Caraffa, V, Santoni, S, Vargas, P & Savolainen, V, 'The complex history of the olive tree: from Late Quaternary diversification of Mediterranean lineages to primary domestication in the northern Levant' in *Proceedings of the Royal Society B: Biological Sciences* (2013), 280(1756), 20122833

Beeton, I, *The Book of Household Management*, (1861), www.gutenberg.org/cache/epub/10136/pg10136.html

Besnard, G, Terral, J F & Cornille, A, 'On the origins and domestication of the olive: a review and perspectives' in *Annals of Botany* (2018), 121(3), 385–403

Black, C, Tesfaigzi, Y, Bassein, J A & Miller, L A, 'Wildfire smoke exposure and human health: significant gaps in research for a growing public health issue' in *Environmental Toxicology and Pharmacology* (2017), 55, 186–195

Blomquist, G J, Figueroa-Teran, R, Aw, M, Song, M, Gorzalski, A, Abbott, N L...& Tittiger, C, 'Pheromone production in bark beetles' in *Insect Biochemistry and Molecular Biology* (2010), 40(10), 699–712

Brittingham, A, Hren, M T, Hartman, G, Wilkinson, K N, Mallol, C, Gasparyan, B & Adler, D S, 'Geochemical evidence for the control of fire by Middle Palaeolithic hominins' in *Scientific Reports* (2019), 9(1), 1–7

Bundjalung-Yugambeh Dictionary. 'Beech/Waygargah' https://bundjalung.dalang.com.au/language/view_word/4623

Bundjalung-Yugambeh Dictionary. 'The Bundjalung Dictionary' https://bundjalung.dalang.com.au/plugin_wiki/page/dictionary

Bushdid, C, Magnasco, M O, Vosshall, L B & Keller, A, 'Humans can discriminate more than 1 trillion olfactory stimuli' in *Science* (2014), 343(6177), 1370–1372

Cárdenas-Rodríguez, N, Gonzalez-Trujano, M E, Aguirre-Hernandez, E, Ruiz-Garcia, M, Sampieri, A, Coballase-Urrutia, E & Carmona-Aparicio, L, 'Anticonvulsant and antioxidant effects of *Tilia americana* var. *mexicana* and flavonoids constituents in the pentylenetetrazole-induced seizures' in *Oxidative Medicine and Cellular Longevity* (2014), 2014, 329172

Chiu, C C, Keeling, C I & Bohlmann, J, 'Toxicity of pine monoterpenes to mountain pine beetle' in *Scientific Reports* (2017), 7(1), 1–8

Cincinelli, A, Martellini, T, Amore, A, Dei, L, Marrazza, G, Carretti, E, Belosi, F, Ravegnani, F & Leva, P, 'Measurement of volatile organic compounds (VOCs) in libraries and archives in Florence (Italy)' in *Science of the Total Environment* (2016), 572, 333–339

Coffey, G, 'Beer Street: Gin Lane. Some views of 18th-century drinking' in *Quarterly Journal of Studies on Alcohol* (1966), 27(4), 669–692

Constabel, C P, Yoshida, K & Walker, V, 'Diverse ecological roles of plant tannins: plant defense and beyond' in *Recent Advances in Polyphenol Research* (2014), 4, 115–142

Craftovator. Vintage Bookstore Fragrance, https://www.craftovator.co.uk/candle-making/vintagebookstore-fragrance-oil/

Crane, P R, *Ginkgo: the Tree that Time Forgot* (2013), Yale University Press: New Haven

Croft, D P, Cameron, S J, Morrell, C N, Lowenstein, C J, Ling, F, Zareba, W, Hopke, P K, Utell, M J, Thurston, S W, Chalupa, D, Thevenet-Morrison, K, Evans, K A & Rich, D Q , 'Associations between ambient wood smoke and other particulate pollutants and biomarkers of systemic inflammation, coagulation and thrombosis in cardiac patients' in *Environmental Research* (2017), 154, 352–361

Del Tredici, P, 'Wake up and smell the ginkgos' in *Arnoldia* (2008), 66, 11–21

Fenech, A, Strlič, M, Cigić, I K, Levart, A, Gibson, L T, de Bruin, G, Ntanos, K, Kolar, J & Cassar, M, 'Volatile aldehydes in libraries and archives' in *Atmospheric Environment* (2010), 44(17), 2067–2073

Fitzky, A C, Sandén, H, Karl, T, Fares, S, Calfapietra, C, Grote, R, Saunier, A & Rewald, B, 'The interplay between ozone and urban vegetation – BVOC emissions, ozone deposition, and tree ecophysiology' in *Frontiers in Forests and Global Change* (2019), 2, 50

Goss, A, 'Building the world's supply of quinine: Dutch colonialism and the origins of a global pharmaceutical industry' in *Endeavour* (2014), 38(1), 8–18

Haack, R A, Jendak, E, Houping, L, Marchant, K R, Petrice, T R, Poland, T M & Ye, H, 'The emerald ash borer: a new exotic pest in North America' in *Newsletter of the Michigan Entomological Society* (2002), 47, 1–5

Hansell, A, Ghosh, R E, Blangiardo, M, Perkins, C, Vienneau, D, Goffe, K, Briggs, D & Gulliver, J, 'Historic air pollution exposure and long-term mortality risks in England and Wales: prospective longitudinal cohort study' in *Thorax* (2016), 71(4), 330–338

Hubbard, T D, Murray, I A, Bisson, W H, Sullivan, A P, Sebastian, A, Perry, G H, Jablonski, N G & Perdew, G H, 'Divergent Ah receptor ligand selectivity during hominin evolution' in *Molecular Biology and Evolution* (2016), 33(10), 2648–2658

Hussain, A, Rodriguez-Ramos, J C & Erbilgin, N, 'Spatial characteristics of volatile communication in lodgepole pine trees: evidence of kin recognition and intra-species support' in *Science of the Total Environment* (2019), 692, 127–135

Kikut-Ligaj, D & Trzcielińska-Lorych, J, 'How taste works: cells, receptors and gustatory perception' in *Cellular and Molecular Biology Letters* (2015), 20(5), 699–716

Kiyomizu, T, Yamagishi, S, Kume, A & Hanba, Y T, 'Contrasting photosynthetic responses to ambient air pollution between the urban shrub *Rhododendron × pulchrum* and urban tall tree *Ginkgo biloba* in Kyoto city: stomatal and leaf mesophyll morpho-anatomies are key traits' in *Trees* (2019), 33(1), 63–77

Lamorena, R B & Lee, W, 'Influence of ozone concentration and temperature on ultra-fine particle and gaseous volatile organic compound formations generated during the ozone-initiated reactions with emitted terpenes from a car air freshener' in *Journal of Hazardous Materials* (2008), 158(2–3), 471–477

Lamy, E, Pinheiro, C, Rodrigues, L, Capela-Silva, F, Lopes, O, Tavares, S & Gaspar, R, 'Determinants of tannin-rich food and beverage consumption: oral perception vs. psychosocial aspects' in *Tannins: Biochemistry, Food Sources and Nutritional Properties* (2016), (29–58). Nova Science Publishers: Hauppage

LittleTrees.com, 'About us', www.littletrees.com/about

Medieval manuscripts blog, 'Fire, Fire! The Tragic Burning of the Cotton Library', 23 October 2016, https://blogs.bl.uk/digitisedmanuscripts/2016/10/fire-fire-the-tragic-burning-of-the-cotton-library.html

Naeher, L P, Brauer, M, Lipsett, M, Zelikoff, J T, Simpson, C D, Koenig, J Q & Smith, K R, 'Woodsmoke health effects: a review' in *Inhalation Toxicology* (2007), 19(1), 67–106

Nevo, O, Razafimandimby, D, Jeffrey, J A J, Schulz, S & Ayasse, M, 'Fruit scent as an evolved signal to primate seed dispersal' in *Science Advances* (2018), 4(10), eaat4871

Orlean, S, *The Library Book* (2019), Simon & Schuster: New York

Parliment, T H, 'Characterization of the putrid aroma compounds of *Ginkgo biloba* fruits', AGRIS (1995)

Pearce, F, 'People today are still dying early from high 1970s air pollution' in *New Scientist* (2016), https://www.newscientist.com/article/2076728-peopletoday-are-still-dying-early-from-high-1970s-airpollution/

Philip, K, 'Imperial science rescues a tree: global botanic networks, local knowledge and the transcontinental transplantation of *Cinchona*' in *Environment and History* (1995), 1(2), 173–200

Puech, J L, Feuillat, F & Mosedale, J R, 'The tannins of oak heartwood: structure, properties, and their influence on wine flavor' in *American Journal of Enology and Viticulture* (1999), 50(4), 469–478

Rees-Owen, R L, Gill, F L, Newton, R J, Ivanović, R F, Francis, J E, Riding, J B.... & dos Santos, R A L, 'The last forests on Antarctica: reconstructing flora and temperature from the Neogene Sirius Group, Transantarctic Mountains' in *Organic Geochemistry* (2018), 118, 4–14

Rodríguez, A, Alquézar, B & Peña, L, 'Fruit aromas in mature fleshy fruits as signals of readiness for predation and seed dispersal' in *New Phytologist* (2013), 197, 36–48

Rodríguez-Sánchez, F & Arroyo, J, 'Reconstructing the demise of Tethyan plants: climate-driven range dynamics of *Laurus* since the Pliocene' in *Global Ecology and Biogeography* (2008), 17(6), 685–695

Sämann, J, US Patent No. 2,757,957A (1956), Washington, DC: US Patent and Trademark Office

Sämann, J, US Patent No. 3,065,915A (1962), Washington, DC: US Patent and Trademark Office

Schraufnagel, D E, Balmes, J R, Cowl, C T, De Matteis, S, Jung, S H, Mortimer, K...& Wuebbles, D J, 'Air pollution and noncommunicable diseases: a review by the Forum of International Respiratory Societies' Environmental Committee, Part 2: Air pollution and organ systems' in *Chest* (2019), 155(2), 417–426

Seybold, S J, Huber, D P, Lee, J C, Graves, A D & Bohlmann, J, 'Pine monoterpenes and pine bark beetles: a marriage of convenience for defense and chemical communication' in *Phytochemistry Reviews* (2006), 5(1), 143–178

Sheil, D, 'Forests, atmospheric water and an uncertain future: the new biology of the global water cycle' in *Forest Ecosystems* (2018), 5(1), 1–22

Shimada, T, 'Salivary proteins as a defense against dietary tannins' in *Journal of Chemical Ecology* (2006), 32(6), 1149–1163

Smallwood, P D, Steele, M A & Faeth, S H, 'The ultimate basis of the caching preferences of rodents, and the oak-dispersal syndrome: tannins, insects, and seed germination' in *American Zoologist* (2001), 41(4), 840–851

Smith, R, 'Xylem monoterpenes of pines: distribution, variation, genetics, function' in *Gen. Tech. Rep. PSW-GTR-177* (2000), Albany, CA: Pacific Southwest Research Station, United States Forest Service

Strlič, M, Thomas, J, Trafela, T, Cséfalvayová, L, Kralj Cigić, I, Kolar, J & Cassar, M, 'Material degradomics: on the smell of old books' in *Analytical Chemistry* (2009), 81(20), 8617–8622

Taban, A, Saharkhiz, M J & Niakousari, M, 'Sweet bay (*Laurus nobilis L.*) essential oil and its chemical composition, antioxidant activity and leaf micromorphology under different extraction methods' in *Sustainable Chemistry and Pharmacy* (2018), 9, 12–18

Thomas, P A, Alhamd, O, Iszkuło, G, Dering, M & Mukassabi, T A, 'Biological flora of the British Isles: *Aesculus hippocastanum*' in *Journal of Ecology* (2019), 107(2), 992–1030

Times (London), 'Goods imported into the Port of London from Tuesday Jan 24th, to Tuesday the 31st of Jan', Issue 349, 6 February 1786

Trimmer, C, Keller, A, Murphy, N R, Snyder, L L, Willer, J R, Nagai, M H, Katsanis, N, Vosshall, L B, Matsunami, H & Mainland, J D, 'Genetic variation across the human olfactory receptor repertoire alters odor perception' in *Proceedings of the National Academy of Sciences* (2019), 116(19), 9475–9480

United Kingdom Department for Environment, Food and Rural Affairs, 'National Statistics: emissions of air pollutants in the UK – summary', www.gov.uk/government/statistics/emissions-of-air-pollutants/emissions-of-air-pollutants-in-the-uk-summary

Vohra, K, Vodonos, A, Schwartz, J, Marais, E A, Sulprizio, M P & Mickley, L J, 'Global mortality from outdoor fine particle pollution generated by fossil fuel combustion: results from GEOS-Chem' in *Environmental Research* (2021), 195, 110754

Vu, T P, Kim, S H, Lee, S B, Shim, S G, Bae, G N & Sohn, J R, 'Nanoparticle formation from a commercial air freshener at real-exposure concentrations of ozone' in *Asian Journal of Atmospheric Environment* (2011), 5(1), 21–28

Walker, K, & Nesbit, M, 'Just the tonic: a natural history of tonic water', Kew Publishing online (19 October 2019), www.kew.org/read-and-watch/just-the-tonic-history

Waring, M S, Wells, J R & Siegel, J A, 'Secondary organic aerosol formation from ozone reactions with single terpenoids and terpenoid mixtures' in *Atmospheric Environment* (2011), 45(25), 4235–4242

Wettstein, Z S, Hoshiko, S, Fahimi, J, Harrison, R J, Cascio, W E & Rappold, A G, 'Cardiovascular and cerebrovascular emergency department visits associated with wildfire smoke exposure in California in 2015' in *Journal of the American Heart Association* (2018), 7(8), e007492

Wollenweber, E, Stevens, J F, Dörr, M & Rozefelds, A C, 'Taxonomic significance of flavonoid variation in temperate species of *Nothofagus*' in *Phytochemistry* (2003), 62(7), 1125–1131

World Health Organization, 'Household air pollution and health', 8 May 2018, https://www.who.int/news-room/fact-sheets/detail/household-airpollution-and-health

Wrangham, R, 'Control of fire in the Paleolithic: evaluating the cooking hypothesis' in *Current Anthropology* (2017), 58(S16), S303–S313

Wu, G A, Terol, J, Ibanez, V et al, 'Genomics of the origin and evolution of *Citrus*' in *Nature* (2018), 554(7692), 311–316

나무 내음을 맡는 열세 가지 방법

2024년 4월 24일 1판 1쇄 발행

지은이	데이비드 조지 해스컬
옮긴이	노승영
펴낸곳	에이도스출판사
출판신고	제2023-000068호
주소	서울시 은평구 수색로 200
팩스	0303-3444-4479
이메일	eidospub.co@gmail.com
페이스북	facebook.com/eidospublishing
인스타그램	instagram.com/eidos_book
블로그	https://eidospub.blog.me/
표지 디자인	공중정원
본문 디자인	개밥바라기

ISBN   979-11-85415-71-0   03480